# CONGRÈS

## DES

## COURS COMPLÉMENTAIRES

—

### PARIS —

### 18 & 19 AVRIL 1911

# *RAPPORT GÉNÉRAL*

SEDAN
Imprimerie SUZAINE-PIERSON - A. SUZAINE Fils, Successeur
16, Rue Carnot, 16

# CONGRÈS

## DES

# COURS COMPLÉMENTAIRES

— PARIS —

18 & 19 AVRIL 1911

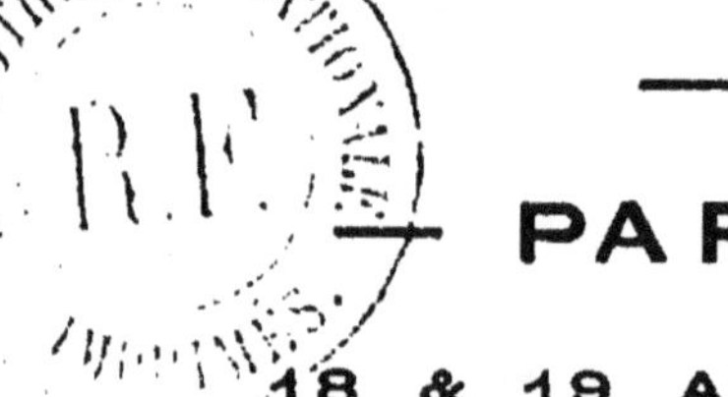

# *RAPPORT GÉNÉRAL*

SEDAN
Imprimerie SUZAINE-PIERSON - A. SUZAINE Fils, Successeur
16, Rue Carnot, 16

# PREMIER CONGRÈS

## DU PERSONNEL DES COURS COMPLÉMENTAIRES

### de France et des Colonies

---

## PROGRAMME DU CONGRÈS

1º La Vie, le Recrutement et l'Avenir des Cours Complémentaires ; leurs Programmes.

2º Les Traitements du Personnel des Cours Complémentaires.

---

## ORDRE DES TRAVAUX

### Mardi 18 Avril

*Séance du matin* : 8 heures, séance d'ouverture. — Élection du Bureau : Président, deux Vice-Présidents, deux Secrétaires. — Discussion de la première question.

Rapporteur : M. VINCENT.

*Séance du soir* : 2 heures 1/2, suite de la discussion de la première question.

### Mercredi 19 Avril

*Séance du matin* : 8 heures, discussion de la deuxième question.

Rapporteur : M. HOULDINGER.

*Séance du soir* : 2 heures 1/2, suite de la discussion de la deuxième question. — Organisation définitive de l'Association. — Élection du Bureau.

# SÉANCE D'OUVERTURE

La séance est ouverte à huit heures du matin, sous la présidence de M. Guérin, Président provisoire de l'Association, assisté du Comité d'organisation.

Sont présents :

M. Leune, Sous-Directeur de l'Enseignement primaire de la Seine.

M. Laclef, Président de l'Amicale des Inspecteurs primaire.

M. Bony, Inspecteur primaire de la Seine.

M<sup>mes</sup> Ménard, de Montreuil ; Lavigne, de Noisy-le-Sec ; Noilliat, de Saint-Germain-en-Laye ; Canville, de Gournay ; Sempé, de Rueuil ; Formentin, de Doullens ; Therveaux, d'Argenteuil ; Boquillon, de Saint-Mihiel ; Cacheux, de Pontoise ; Pouessel, de Redon, etc., etc.

MM. Doummergues, d'Aurillac ; Vincent, d'Argenteuil ; Brunet, de Cahors ; Tourey, de Noisy-le-Sec ; Chabozy, d'Asnières ; Jacquier, de Maubert (Ardennes) ; Chopin, de Mohon (Ardennes) ; Bordes et Scocard, de Montreuil (Seine) ; Roques, de Cahors ; Harmand, de Rânes (Orne) ; Breton, de Doudeville ; Gravier et Leber, de Fécamp ; Canville, de Gournay (Seine-Inférieure) ; Lestocard, de Senlis ; Monneyron, de Billom (Puy-de-Dôme) ; Pouvereau, de Saint-Maur ; Revillard, de Noisy-le-Sec ; Houldinger, de Saint-Germain-en-Laye ; Deresmes, de Bourbourg (Nord) ; Fèvres, d'Aubervilliers ; Celle, de Reuil ; Goffinet, de Pontoise ; Brochard, d'Evreux ; Fortet, de Chalais (Charente) ; Dupont, de Gaillefontaine (Seine-Inférieure) ; Guyot, de Troyes ; Aubin-Aymard, de Saint-Denis ; Labbé, de La Rochelle ; Payot, de Saint-Pierre-d'Albigny (Savoie) ; Bazenant, de Bordeaux ; Chaudron, de Tournans (Seine-et-Marne) ; Lavie, de Nogent-le-Rotrou ; Graux, de Lagny ; Remy, de Nangis ; Souverain, de Roye (Somme) ; Nogent, de Domart-en-Ponthieu (Somme) ; Chevet, de Saint-Germain ; Richet, de La Capelle-en-Thiérache (Aisne) ; Raux, de Rives (Isère) ; Gatineau, de La Rochelle ; Bernard, de Nîmes ; Pourcel, de Saint-Afrique (Aveyron) ; Lécorché, de Romilly-sur-Seine (Aube) ; J. Baron et H. Baron, de Laigle (Orne) ; Thibault, de Rueil ; Chabannais, de Chalais (Charente) ; Maricot, de Bray (Seine-et-Marne) ; Thiennot, de Romilly (Aube) ; Liénard, de Bordeaux ; de Puytorac, de Paris ; Porcheron, de Ruffec (Charente) ; etc., etc.

# Allocution de M. GUÉRIN

Mesdames, Messieurs,
Mes Chers Collègues,
Mes Chers Camarades,

Avant que le premier Congrès des C. C. ne s'ouvre officiellement, j'ai, en ma qualité de Président provisoire de l'Association nationale, un devoir à remplir, devoir qui m'est, d'ailleurs, des plus agréables. C'est de vous souhaiter à tous la plus cordiale bienvenue et de vous féliciter bien sincèrement d'avoir répondu si nombreux à notre appel, malgré la distance pour beaucoup d'entre vous considérable et malgré les frais onéreux que ce déplacement a pu vous causer.

À vous tous, les dévoués, à vous qui avez la foi et qui désirez, dans la justice et l'équité, travailler à l'amélioration de votre situation, j'apporte le salut fraternel de vos collègues ardennais, promoteurs de l'Association et le salut du Bureau provisoire, qui va disparaître pour céder la place à une organisation définitive.

En votre nom, mes chers Collègues, je salue tout particulièrement M. Leune, sous-directeur de l'Enseignement primaire de la Seine ; M. Laclef, président de l'Amicale des Inspecteurs primaires ; M. Bony, inspecteur primaire de la Seine, qui veulent bien s'intéresser à nos travaux. Je les en remercie bien sincèrement.

Mes chers Collègues, j'ai encore un autre devoir que je serais vraiment impardonnable d'oublier, c'est de remercier bien cordialement tous ceux qui nous ont aidés dans notre tâche, et notamment les collaborateurs précieux à qui nous sommes redevables de l'organisation de ce Congrès. Et dût leur modestie en souffrir quelque peu, je signalerai tout particulièrement à votre gratitude les camarades Vincent, d'Argenteuil ; Tourey, de Noisy-le-Sec, et Houldinger, de Saint-Germain. J'ai trop souvent abusé de leur bonne volonté ; depuis deux mois, j'ai accaparé tous leurs loisirs. Je les ai accablés de travail et leur ai fait faire toutes sortes de démarches, et, néanmoins, à chacun de mes appels, ils ont toujours répondu présents. A ces trois camarades dévoués, je tiens à donner ici ce public hommage de ma sincère reconnaissance. (*Applaudissements*).

Je vous prie de vouloir bien procéder à la composition du Bureau.

## Composition du Bureau

— Est nommé par acclamation *Président* : M. Guérin.

**M. GUÉRIN.** — Mes chers Camarades, je m'incline devant votre volonté, mais d'assez mauvaise grâce, et je suis loin d'avoir à vous féliciter, car vous venez de faire là un bien mauvais choix.

J'avoue humblement que je n'ai aucune des qualités qu'il faudrait pour présider une réunion comme la vôtre. Et certes, il ne manque pas dans cette assemblée de collègues beaucoup plus qualifiés et qui auraient rempli cette fonction avec infiniment plus de compétence et d'autorité.

Vous avez voulu, je pense, par ce choix que rien d'autre ne justifie, donner une marque d'estime et de confiance au modeste ouvrier de la première heure, à celui qui fut le créateur de l'Association nationale des C. C. Je vous en remercie bien sincèrement.

C'est cette raison qui me détermine à accepter l'honneur de présider vos travaux.

Mes chers Camarades, je ne puis vous apporter que ma bonne volonté ; elle est à vous tout entière. Je chercherai à faire de mon mieux et à diriger vos débats avec la plus grande impartialité.

Permettez-moi, en revanche, de solliciter toute votre indulgence. J'accepte, d'ailleurs, avec confiance, car je sais que je puis compter à l'avance sur votre esprit de sagesse et sur vos sentiments d'union et de bonne confraternité. (*Applaudissements*).

— Sont nommés :

*Vice-Présidents :* M<sup>lle</sup> Noilliat, de Saint-Germain-en-Laye ; M. Tourey, de Noisy-le-Sec.

*Secrétaires :* M. Brunet, de Cahors ; M. Révillard, de Noisy.

**M. LE PRÉSIDENT.** — Le Bureau étant constitué, nous allons nous mettre de suite au travail.

Je vous demanderai d'écarter dans les débats toute discussion stérile, afin que nous puissions, sans perdre de temps, arriver à formuler des conclusions nettes, utiles et pratiques.

Mais avant de donner la parole au Rapporteur, je pense que l'Assemblée a, à son tour, un devoir à remplir. Je vous demande de vouloir bien envoyer une adresse de remerciements à M. le député Braibant, qui a pris la défense de notre cause et qui a exposé nos revendications à la Chambre, le 21 février dernier, avec une clarté parfaite, avec beaucoup de talent et d'énergie. Ceux qui en ont lu le compte-rendu à *l'Officiel*, et non pas seulement le compte-rendu analytique fort inexact que la Presse en a donné, ont pu voir que M. Braibant est intervenu à la Tribune avec beaucoup de tact et d'autorité et qu'il a préparé la solution future de nos revendications. Je vous propose donc d'envoyer au nom du Congrès un témoignage de reconnaissance à M. Braibant. (*Chaleureux applaudissements*).

— L'adresse suivante est adoptée par acclamation :

« Les Instituteurs chargés de Cours Complémentaires, réunis en Congrès rue Dussoubs, sous la présidence de M. Guérin, adressent à M. Braibant, qui a bien voulu défendre leur cause à la Tribune de la Chambre, l'expression de leur plus sympathique gratitude. »

M. LE PRÉSIDENT. — Je vous propose également d'envoyer cette adresse à M. le Ministre de l'Instruction publique :

« Les Instituteurs des Cours Complémentaires, réunis en Congrès à l'école de la rue Dussoubs, ont l'honneur d'adresser à M. le Ministre de l'Instruction publique l'hommage de leur respectueux dévouement. »

*Adoptée par acclamation.*

LE PRÉSIDENT. — La parole est au Camarade **Vincent** pour la lecture de son rapport.

LE RAPPORTEUR.

### Mes Chers Collègues et Amis,

Ce n'est pas sans une certaine appréhension que je viens aujourd'hui vous exposer, aussi consciencieusement et aussi clairement que possible, les idées d'un grand nombre des nôtres sur la question, vitale pour nous, du rôle, du recrutement, du fonctionnement et de l'avenir de nos Cours Complémentaires.

Non pas que je doute un instant de votre bienveillance et de votre patience, mais je ne puis m'empêcher de penser que d'autres que moi, en raison de leur expérience ou d'une situation plus en vue, étaient plus qualifiés pour une telle besogne.

Vous pardonnerez à votre rapporteur d'avoir songé à vous adresser, un peu tardivement peut-être, un questionnaire-programme. Je l'aurais voulu plus étendu, plus détaillé ; mais il fallait se hâter. Nous sommes allés un peu vite pour être prêts à l'heure voulue.

Nous avons reçu un nombre assez important de mémoires : 6 d'entre eux émanent des groupements départementaux des Ardennes, de la Seine, de la Manche, du Lot, de la Somme et du Puy-de-Dôme.

Les 52 autres, qui sont individuels ou qui reflètent l'opinion de deux ou trois collègues, nous sont venus de la Corrèze, de l'Aveyron, de la Creuse, de la Haute-Saône, de la Seine-Inférieure, des Deux-Sèvres, du territoire de Belfort, de Seine-et-Oise, de la Nièvre, du Nord, de la Charente-Inférieure, de l'Isère, de la Lozère, de Vaucluse, d'Oran, de l'Aisne, de l'Yonne, de l'Aude, du Pas-de-Calais et de Saône-et-Loire.

Ces rapports, parfois très étendus et très documentés, présentent de nombreux points de contact et aussi d'importantes divergences.

Votre rapporteur se fera un devoir de vous les signaler au cours de nos discussions.

**

Dès le début de notre Congrès, il me paraît nécessaire de dégager, de notre Code de l'Enseignement primaire, les articles législatifs, décrets et circulaires qui nous concernent, et cela pour nous permettre de signaler d'une façon précise les modifications qui nous semblent désirables ou nécessaires.

La législation des Cours Complémentaires, noyée dans celle des Ecoles primaires élémentaires et dans celle des Ecoles primaires supérieures, nous apparaît en effet comme très confuse, très vague et souvent, nous l'allons montrer tout à l'heure, tout à fait contradictoire.

Voici qu'elle est à l'heure actuelle cette législation :

### Loi organique du 30 Octobre 1886.

L'enseignement primaire est donné :

1° Dans les Ecoles maternelles ;
2° Dans les Ecoles primaires élémentaires ;
3° Dans les Ecoles primaires supérieures et dans les classes d'enseignement primaire supérieur annexées aux Ecoles élémentaires et dites Cours Complémentaires. »

Je ferai remarquer immédiatement que les Cours Complémentaires sont placés par la loi organique sur le même plan que les Ecoles primaires supérieures.

### Décret du 18 Janvier 1887
### (modifié par le Décret du 21 Janvier 1893).

**Article 30.** — L'instruction primaire supérieure est donnée :

1° Dans les Ecoles primaires supérieures ;
2° Dans les classes d'enseignement primaire supérieur dites Cours Complémentaires.

Le Cours Complémentaire est annexé à une Ecole primaire élémentaire et placé sous la même direction.

La durée des cours d'études dans les Cours Complémentaires *est d'un an*. Les Cours Complémentaires comprennent au plus, quel que soit le nombre d'élèves, deux divisions qui pourront être réunies sous un même maître. »

Cet article 30 appelle immédiatement plusieurs réflexions. La durée du cours d'études étant limitée à un an, pourquoi prévoir deux divisions ? Et puis pourquoi avoir créé en France 265 cours de deux ans ? Nous sommes loin de nous en plaindre. Les nécessités de l'heure font souvent la loi.

Mais nous reviendrons là-dessus tout à l'heure.

**Article 31.** — Ne peuvent être nommés directeurs ou directrices d'une école à laquelle est annexé un Cours Complémentaire que les instituteurs et institutrices publics titulaires pourvus du brevet supérieur.

**Article 32.** — Les conditions d'âge et de titres imposés par l'article 23, § 3 de la loi organique du 30 octobre 1886, aux instituteurs adjoints dans les écoles primaires supérieures sont également requises des instituteurs adjoints chargés des Cours Complémentaires.

(Notons encore, comme en passant, l'assimilation inscrite dans la Loi et qui est loin d'être réalisée en fait).

**Article 36.** — Dans les Ecoles primaires supérieures qui ne sont pas en plein exercice, et dans les Cours Complémentaires, il pourra être créé, par le Ministre de l'Instruction Publique, des Cours accessoires ayant pour objet la préparation professionnelle des élèves qui se destinent à l'agriculture, à l'industrie et au commerce.

**Article 38 (§ 1).** — Aucun élève ne peut être reçu soit dans une Ecole primaire supérieure, soit dans un Cours Complémentaire, s'il ne possède le C. E. P. et s'il ne justifie, par un certificat signé de l'Inspecteur primaire, avoir suivi pendant une année au moins le Cours supérieur d'une Ecole primaire élémentaire.

**Article 39.** — Le Cours Complémentaire doit toujours être établi dans une salle distincte.

Les E. P. S. et les C. C. doivent avoir un atelier où puisse être donné l'enseignement du travail manuel.

**Article 41.** — Les communes qui sollicitent le concours du Ministère de l'I. P. pour l'entretien d'une Ecole primaire supérieure ou d'un Cours Complémentaire devront s'engager à inscrire, pour cinq années au moins, au nombre des dépenses obligatoires, les dépenses qui leur incombent pour cette Ecole ou ce Cours.

## Arrêté du 25 Janvier 1894.

**Article 1er.** — Il n'est pas établi de programme pour les Cours Complémentaires.

**Article 2.** — L'enseignement dans les C. C. aura pour objet la révision et le complément des matières du Cours supérieur des Écoles élémentaires. Toutefois les maîtres et maîtresses sont autorisés à faire aux programmes des E. P. S., principalement à ceux de première année, les emprunts qui seraient jugés particulièrement utiles aux élèves qui suivent le C. C.

Le programme du C. C. est arrêté après entente entre le Directeur de l'école et les maîtres chargés du Cours supérieur de l'École élémentaire. Ce programme est soumis, pour avis, à l'Inspecteur primaire, et n'est applicable qu'après approbation de l'Inspecteur d'Académie.

Aucune modification ne peut y être introduite que dans les formes ci-dessus indiquées.

**Article 3.** — Les élèves qui auront suivi un Cours Complémentaire pourront, à la fin de l'année scolaire, demander à subir, sur les matières enseignées dans ce Cours, un examen qui se passera dans les mêmes formes que l'examen du Certificat d'Etudes primaires élémentaires.

Mention des notes obtenues par les élèves qui satisferont à ces épreuves sera faite sur le C. E. P. sous la rubrique : *Mention d'Etudes primaires complémentaires.* »

Le susdit arrêté est complété par la circulaire du 7 septembre 1895, circulaire dont nous aurons à étudier aujourd'hui la teneur pour en demander la modification ou le retrait.

Cette circulaire, vous le savez, attribue des bourses nationales d'enseignement primaire supérieur aux Écoles primaires supérieures, à l'exclusion de nos Cours Complémentaires.

Telle est, mes chers Collègues, la législation un peu décousue, un peu désordonnée, un peu bizarre parfois, qui régit nos Cours Complémentaires.

Il nous appartient, en ce premier Congrès de notre Association, de demander à l'Administration supérieure de consolider l'existence et d'assurer le progrès de nos Cours par une législation précise et conforme aux principes de la justice et de l'équité, conforme aussi aux intérêts bien compris de la démocratie française.

En conséquence nous vous proposons d'adopter le vœu suivant :

## VŒU

L'Association du personnel des Cours Complémentaires,

Considérant que la législation des Cours Complémentaires manque de précision ;

Qu'il importe que l'institution si utile, si nécessaire même, des Cours Complémentaires soit sauvegardée par des textes formels et non contradictoires ;

Demande à l'Administration supérieure de rédiger un statut précis et conforme aux intérêts bien compris de la démocratie et offre, à cet effet, le concours de ses délégués.

M. HOULDINGER. — Je crois qu'il y a avantage dans le manque de précision dans les textes que nous signale le Rapporteur ; car si l'on cherche dans ces textes, on y trouve que les C. C. se placent exactement sur le même pied que les E. P. S. Néanmoins, il est nécessaire de faire disparaître les contradictions. Ainsi la circulaire dit ceci : la durée des études est d'un an. Je demande alors pourquoi l'Administration crée encore des cours de deux ans et même de trois.

Pourquoi cette contradiction ?

D'autre part, à la fin de la circulaire citée, on constate que la population de nos Cours n'a cessé d'augmenter, de progresser. Si les pouvoirs publics paraissent s'attacher tant à ces établissements, pourquoi les limiter à la durée d'une année, alors que dans la pratique générale il n'en est pas ainsi ?

Je le répète, il y a contradiction dans cette circulaire et contradiction manifeste.

M. LEUNE. — Il est entendu que les cours dont on parle sont des divisions parallèles.

M. LE RAPPORTEUR. — Si vous créez deux divisions, vous laissez alors supposer qu'il y a deux années dans le cours. Nos enfants nous restent deux ans, trois ans ; vous allez donc les condamner à végéter dans la même classe ?

Les leçons sont exposées en commun et les devoirs adaptés aux besoins, soit. Et vous croyez que ce sera là un bon travail ? Il faut forcément faire deux cours au moins.

M. BÉNEZET, du Gard. — Dans notre Cours Complémentaire, il n'y a pas de classes parallèles, il y a des classes superposées ; il y a deux classes parallèles à la base seulement.

M. GRAUX. — Il est impossible de faire des classes parallèles. Ce sont nos élèves mêmes qui nous demandent à faire des études plus élevées dans les différents cours. Si nous ne leur donnons pas satisfaction, les familles nous les retireront pour aller les mettre en face.

M. SOUVERAIN, de la Somme. — Il ne faut pas oublier que nous préparons surtout aux Ecoles Normales. Comment y arriver avec le cours d'un an ? Tout est contradiction dans la législation qui nous régit.

M. LE PRÉSIDENT. — Je mets le vœu aux voix.

*Il est adopté.*

---

## A. – Rôle des Cours Complémentaires

Modestes, très modestes, souvent même ignorés du public et des autorités, parce que la grosse caisse et le tam-tam ne sont pas nos instruments de prédilection ; ignorés aussi parce que leur clientèle est la classe ouvrière ou rurale ; qu'on ignore bien souvent aussi ; parce que leurs élèves ne sont point affublés d'uniformes galonnés, nos Cours Complémentaires n'en jouent pas moins un rôle efficace et n'en creusent pas moins un sillon productif.

Malgré leur vie obscure, ils n'ont pas cessé de progresser, tellement il est vrai qu'ils répondent à une nécessité.

Ils sont, en effet, les Ecoles primaires supérieures des artisans et des paysans pauvres et ils contribuent à créer, qu'on le veuille ou non, dans le peuple une élite sans cesse grandissante.

Quels services ne rendent-ils pas ?

Ils retiennent à l'école des enfants qui nous quitteraient après l'obtention du C. E. P. Ils s'adressent à des élèves de 13 à 16 ans en pleine formation intellectuelle, aptes déjà à comprendre et à admirer les merveilles de la science, à sentir les beautés littéraires et artistiques, aptes déjà à la formation d'un idéal. Ils contribuent donc à élever le niveau intellectuel de la masse populaire, de la classe laborieuse de nos villes et de nos campagnes.

Ils ont aussi un rôle moralisateur de la plus haute importance. Ils laissent l'enfant en contact permanent avec sa famille, et font naître chez lui avec des habitudes d'ordre, de travail et d'obéissance, cette modestie sérieuse, cette volonté calme et réfléchie qu'on trouve surtout chez nos bons écoliers primaires. (Chevet, M<sup>lle</sup> Noilliat, Houldinger, les Instituteurs de la Seine et du Lot).

Ajoutons qu'ils contribuent à retenir les jeunes gens à la campagne. A l'heure où la dépopulation rurale devient une véritable calamité sociale, cette influence est à signaler.

Enfin, ils rendent des services pratiques incontestables. M. Steeg, notre ministre de l'Instruction publique, disait dernièrement que bien des Cours Complémentaires, grâce au zèle de maîtres dévoués, avaient rendu tant de services qu'ils avaient été transformés tout naturellement en E. P. S.

Je m'en voudrais, à ce propos, de ne pas vous signaler, entre cent autres, un Cours Complémentaire de filles qui, dans l'espace de 17 ans, a obtenu 241 brevets élémentaires, a fait admettre 82 élèves à l'Ecole normale et 39 supplémentaires, a obtenu 41 certificats d'Etudes primaires supérieures, 6 brevets supérieurs et 3 admissions aux postes. A côté de ce cours, qui a été des plus florissants, nous pourrions en citer bien d'autres.

L'enseignement des Cours Complémentaires ressemble donc, à s'y méprendre, à celui des E. P. S. Mais leur influence éducatrice est autrement considérable.

Voilà leur rôle actuel. Il est encore bien infime comparativement au rôle qu'ils peuvent être appelés, qu'ils seront appelés à jouer demain.

« Il paraît vraisemblable, disent nos collègue Huicq et Thévenin, de la Nièvre, que les Cours Complémentaires sont appelés à un avenir de plus en plus florissant. »

L'heure viendra où s'organisera en France l'éducation post-scolaire, à l'exemple des nations voisines (Allemagne, Suisse). L'initiative commerciale et l'initiative nationale, qu'elles soient distinctes ou qu'elles coordonnent leurs efforts ne pourront prétendre établir des centres d'éducation post-scolaire sur toute la surface du territoire et d'emblée ; les difficultés financières, les difficultés d'organisation seraient trop grandes. C'est par la création de Cours Complémentaires cantonaux ou inter-communaux que s'amorcera sérieusement cette œuvre dont chacun proclame aujourd'hui la nécessité et dont la réalisation préocupe déjà tant d'esprits.

Les C. C. permettront alors de donner aux enfants du peuple une instruction primaire réellement efficace, et non plus seulement superficielle et, pour tout dire, dérisoire. Etant donné aussi l'âge avancé des élèves, ils rendront possible, réalisable l'éducation morale et civique que l'on a voulu confier à l'Ecole élémentaire et que l'Ecole élémentaire est bien impuissante à assurer.

Ecoutons aussi ce que disent nos collègues de la banlieue de la Seine, par la voix de leur rapporteur, M. Aubin Aymard, de Saint-Denis :

« C'est par l'excellence de son enseignement, par les résultats probants des études, qu'un Cours Complémentaire se crée dans un rayon déterminé une fidèle et nombreuse clientèle. Mais on peut déplorer que les meilleurs élèves des écoles rurales ne soient pas mis, en situation d'abord, dans l'obligation ensuite, de suivre les Cours Complémentaires. Que d'intelligences restent ainsi en friche ! Quelles pertes irréparables pour le capital intellectuel et moral de la nation !

« Lorsqu'un gouvernement démocratique, s'inspirant des idées de la Convention, placera enfin à la base de notre système d'éducation nationale le double principe de l'intégralité et de la sélection, les Cours Complémentaires ne devront-ils pas jouer un rôle efficace dans le choix de l'élite ? Dans l'état actuel des choses, ils peuvent déjà contribuer à la pratique de ce choix. En relation constante avec les instituteurs des Ecoles rurales, nos collègues tiennent d'eux des renseignements précis sur leurs élèves.

« Pourquoi, à côté des Bourses d'Ecoles primaires supérieures, n'y aurait-il pas des Bourses nationales, départementales et communales de Cours Complémentaires ?

« Mais cette large accession de nos bons élèves des Ecoles élémentaires au premier degré de l'enseignement primaire supérieur n'est possible que par la multiplication des Cours Complémentaires.

« Actuellement, on en compte un millier réparti entre 600 cantons. Sur les 2,911 cantons que compte la France, 5 à 600 possèdent une École primaire supérieure ou professionnelle. Restent donc environ 1,600 agglomérations où une population variant de 3 à 15,000 habitants est, à l'exception des familles aisées, privée du bénéfice de l'instruction primaire supérieure.

« Depuis Guizot qui, dans le préambule de la Loi de 1833, rendait obligatoire pour toutes les communes de 6,000 habitants et plus « le degré supérieur de l'instruction primaire », nous n'avons guère marché. N'est-ce pas rester fidèle à la pensée du premier organisateur de notre enseignement primaire et harmoniser cet enseignement avec les besoins de la démocratie, que de demander aujourd'hui la création d'un Cours Complémentaire dans chaque chef-lieu de canton ou dans une localité importante de chaque canton ? »

La conclusion de cet exposé forcément sommaire, vous

pouvez la tirer, mes ches collègues, en discutant ce vœu que je vous propose d'adopter :

**Le Congrès :**

**II. — Considérant les services incontestables rendus à l'heure actuelle par les Cours Complémentaires ;**

**Considérant aussi qu'ils sont les Ecoles primaires supérieures du peuple ;**

**Que les familles pauvres peuvent les utiliser pour le plus grand bien de leurs enfants ;**

**Que ces Cours sont appelés à rendre à l'avenir plus de services encore et que leur création est généralement peu coûteuse ;**

**Emet le vœu que de nombreux Cours Complémentaires soient créés dans tous les départements.**

M. SOUVERAIN. — Je pense qu'il y aurait une autre expression à employer, par exemple ceci : « peuvent mieux se modeler aux besoins des habitants. » Dans tel milieu, l'enseignement agricole sera plus nécessaire ; ailleurs ce sera l'enseignement industriel ou commercial.

Je crois qu'on pourrait faire intervenir que les Cours Complémentaires sont plus souples que les écoles supérieures et peuvent mieux se modeler aux besoins des populations.

LE RAPPORTEUR. — Nous allons y venir dans la question programmes, mais on peut signaler ce que vous indiquez.

M. SOUVERAIN. — On peut ajouter : « Aux besoins régionaux. »

M. AYMARD. — Un mot me choque, dans la conclusion du rapporteur, c'est l'expression : « Ecoles primaires supérieures du peuple. »

Une école primaire est une chose, une école primaire supérieure c'est une autre chose et un cours complémentaire c'est un organisme très distinct des précédents.

Nous avons un caractère qui nous est propre et qu'il faut conserver. Votre expression prête à la critique, elle me paraît plutôt malheureuse.

Bornons-nous à indiquer que les Cours Complémentaires donnent, eux aussi, le premier degré d'enseignement primaire supérieur.

UN DÉLÉGUÉ. — C'est cette adaptation aux besoins des diverses régions qui rend nos cours des plus utiles.

M. SOUVERAIN. — Il faut donner une façade à notre œuvre. Elle sera plus solide si nous posons en principe que nos cours peuvent s'adapter à tous les besoins des localités.

Ce n'est pas parce que nous préparons au Brevet et aux Ecoles normales qu'on nous prendra en considération, c'est à cause des services que nous rendons aux besoins locaux.

L'utilité immédiate des C. C., c'est qu'ils répondent aux besoins des populations, au milieu où ils sont créés. C'est là le point de vue général. La question du programme viendra après.

M. LE PRÉSIDENT. — Le Rapporteur a tenu compte des diverses observations qui viennent d'être présentées. Il a modifié la rédaction du vœu et va vous en donner lecture. Je mets ce vœu aux voix.

M. LE RAPPORTEUR. — **Le Congrès, considérant les services incontestables rendus à l'heure actuelle par les Cours Complémentaires ; considérant qu'ils donnent comme les Ecoles primaires supérieures le premier degré de l'enseignement primaire supérieur ; qu'ils peuvent s'adapter, à cause de leur souplesse, aux besoins régionaux ; qu'ils sont appelés à rendre à l'avenir plus de services encore, et que leur installation est généralement peu coûteuse ;**

**Emet le vœu que de nombreux Cours Complémentaires soient créés dans tous les départements.**

*Adopté.*

---

## Création des Cours Complémentaires. — Leur orientation. — Leur trop grande multiplication. — Leur transformation. — Leur suppression.

Nous entrons maintenant dans le vif de la question.

Après avoir décidé que des cours nombreux soient créés dans les départements, à quelle limite s'arrêtera-t-on ? Sur quelle base sera établie cette création désirable ?

Ici, les avis sont partagés.

Les uns demandent qu'il y ait un cours par canton ; d'autres disent que la division géographique canton n'a rien à faire dans la circonstance.

A vous de vous prononcer. Mais il semble évident qu'il vaut mieux envisager la situation la plus avantageuse, celle de la localité la plus peuplée, par exemple, la mieux desservie, la plus éloignée d'une E. P. S.

Quant à la trop grande multiplicité des Cours Complémentaires, tous nos collègues seront, je crois, de notre avis.

Mieux vaut un nombre restreint de cours, mais de cours florissants où l'émulation soit puissante, qu'un grand nombre de cours qui seraient condamnés à végéter, faute d'un nombre suffisant d'élèves.

Nous vous proposons donc le vœu suivant :

## VŒU

**Il sera créé un C. C. dans chaque canton, soit au chef-lieu, soit dans la localité la plus peuplée ou la mieux desservie.**

M. BRUNO. — Dites : Il sera créé un ou plusieurs cours, un au moins.

UN DÉLÉGUÉ, de l'Orne. — Nous avons deux cours dans l'Orne et il y a 36 cantons, dont un certain nombre n'ont pas 500 habitants.

Un cours par canton ce n'est pas possible, ni utile chez nous.

Voyez-vous, il faut en arriver à créer des internats. J'ai pu établir un cours, il y a dix ans, là où je suis instituteur, avec 1,320 habitants, dont 500 de population agglomérée et 25 élèves. J'ai pu résister, parce que j'ai un internat qui me donne 40 pensionnaires environ, alors que la localité ne me fournit que 4 ou 5 élèves.

La plupart des cantons du département sont dans les mêmes conditions. D'ailleurs, Alençon a son lycée, Argentan a un collège, Séez un collège, Flers un collège, auquel l'année dernière a été annexée une école supérieure, mais les élèves intelligents de celle-ci ont voulu faire de l'enseignement secondaire, et l'École primaire supérieure s'est évanouie faute d'élèves.

Par conséquent, je crois qu'il n'y a pas à demander une création dans chaque chef-lieu de canton. Il faut tenir compte des nécessités de la région et de l'importance des agglomérations.

UN AUTRE DÉLÉGUÉ de l'Orne. — Nous avons 5,500 habitants à Séez, il y a un Cours Complémentaire de deux ans, qui ne fonctionne pas mal, avec 50 à 60 élèves dans les deux classes ; mais cela est aussi dû à la présence d'un internat. Si l'on était réduit aux seuls élèves de la ville industrielle, nous aurions à peine 12 à 14 élèves.

M. POURCEL. — Messieurs, il faut créer suivant ce qui existe. Sans éléments on ne peut rien faire. Dans notre département de l'Aveyron, très clérical, les écoles supérieures congréganistes, encore dirigées par des frères déguisés, sont très prospères. Les écoles laïques le sont très peu. Cependant il y a des enfants qui sont passés dans certains établissements laïques et qui les ont quittés pour aller dans les établissements congréganistes, parce que ceux-ci ont des pensionnats. Sur 7 Cours Complémentaires de mon département, deux ont beaucoup d'élèves, proportionnellement, parce qu'ils ont un pensionnat. Donc pas de pensionnat, pas d'élèves, c'est la règle.

Je me rallie à la proposition de mes collègues de l'Orne. Si les cours peuvent se suffire à eux-mêmes, sans pensionnats, tant mieux, mais il faut bien les accepter comme ils sont. Si on les multiplie outre mesure, il n'y aura pas d'élèves du tout. Avec un cours par arrondissement ou même deux, si vous voulez, c'est suffisant. Néanmoins je ne m'oppose pas à ce qu'on crée un cours par canton dans les régions qui peuvent l'alimenter.

M. BERNARD, du Gard. — Nous aurions tort de vouloir trop réglementer. Je crois qu'il vaut mieux demander d'encourager la création partout où le besoin s'en fera sentir. *(Applaudissements).*

Je vais vous dire pourquoi.

A un moment, il n'y avait pas de lignes de chemin de fer, quand les cantons ont été organisés, par exemple. Le chef-lieu n'a pas toujours été choisi au centre géométrique. Il y a d'ailleurs des cantons ayant deux ou trois centres, d'autres où le centre le plus important n'est pas le chef-lieu lui-même. Dans certains cours les élèves font 10 à 12 kilomètres pour venir, parce qu'il n'y a pas de moyens de communication facile. Ailleurs, on est obligé de créer des internats. Laissez faire. Bornons-nous à émettre un vœu tendant à encourager la création de Cours Complémentaires partout où le recrutement paraît devoir être assuré.

M. GRAUX, de Lagny. — Je pose une simple question : Et si le conseil municipal s'oppose à ce que le directeur reçoive des pensionnaires ?

Chez moi, à Lagny, le conseil s'y oppose.

J'ai un cours prospère ; si j'avais l'autorisation de recevoir des pensionnaires, j'aurais naturellement plus d'élèves encore.

Je désirerais qu'on puisse mettre dans le texte du vœu les mots : « le cours pourra recevoir des pensionnaires sans l'autorisation du Conseil municipal. »

UNE VOIX. — Cette autorisation est exigée par la loi.

Si la commune veut refuser l'autorisation, elle en a le droit. D'habitude les communes sont très heureuses de recevoir un internat et elles accordent l'autorisation avec plaisir.

**M. GRAUX.** — Mais quand il y a un Conseil municipal réactionnaire et un internat voisin clérical, elles refusent. Ne serait-il pas possible d'installer l'internat sans autorisation ?

**UN DÉLÉGUÉ** de l'Orne. — Si je pouvais parler, mes chers collègues, je vous en dirais long. Pour installer un internat, il faut souvent lutter contre le Conseil municipal et contre d'autres, être en butte à une masse d'observations. C'est ce qui m'est arrivé. Quand la chose a été créée et qu'elle a fonctionné avec plein succès, ç'a été des félicitations sur toute la ligne.

**M. PAYOT,** de la Savoie. — Je me place dans la même hypothèse que mes collègues des environs de Paris. On soulève là une très grosse question. Pour les écoles conventionnellement obligatoires, il faut toujours l'autorisation du Conseil municipal.

Je voudrais bien qu'il fût possible, néanmoins, de créer des Cours Complémentaires, même là où les Conseils municipaux ne le voudraient pas. A Ranel, par exemple, un cours existe, mais s'il n'existait pas, on ne pourrait pas le créer aujourd'hui. Pourrait-on obliger les communes ?

**LE RAPPORTEUR.** — Leur avis est obligatoire. Le dossier présenté au Conseil départemental doit contenir un avis favorable du Conseil municipal.

**M. PAYOT.** — Toute question d'internat mise à part, ne pourrions-nous pas demander la création de Cours Complémentaires malgré l'avis contraire du Conseil municipal ?

**LE RAPPORTEUR.** — Notre texte est muet à cet égard. Le voici :

**Il sera créé un Cours Complémentaire dans les centres où le besoin s'en fera sentir, soit au chef-lieu de canton, soit dans les localités les mieux desservies.**

**M. LE PRÉSIDENT.** — La question me paraît suffisamment discutée. Je mets aux voix le texte que vous venez d'entendre. *Il est adopté.*

**LE RAPPORTEUR.** — Revenons maintenant à la réalité des choses et ne considérons que les cours existants. Admettons qu'ils ne progressent pas, qu'ils végètent même, et cela peut arriver s'ils ont été créés là où ce n'était pas utile, à proximité d'un autre cours ou d'un collège ou d'une école supérieure. Faut-il envisager la possibilité de leur suppression ?

Autre cas, plus fréquent celui-là :

Un Cours Complémentaire peut progresser (cela s'est vu) malgré la concurrence redoutable des Ecoles libres, des Ecoles primaires supérieures et des Collèges communaux.

Faut-il envisager la possibilité de leur transformation en Ecoles primaires supérieures ?

Quand se fera la suppression ?

Quand se fera la transformation ?

N'y a-t-il pas lieu, à propos de cette suppression ou de cette transformation, de songer à demander des garanties pour le personnel enseignant.

Permettez-moi, à titre de digression, mais vous allez voir que la digression mérite qu'on la fasse, de vous lire les documents suivants qui vont éclairer la question d'un jour tout à fait particulier :

> *Madame Bonneval, directrice d'école à Tulle,*
> *membre du C. D. de la Corrèze,*
> *A Monsieur Vincent, directeur du Cours*
> *Complémentaire d'Argenteuil.*

Naguère directrice de Cours Complémentaire, j'apporte ma modeste contribution à l'étude de ce point de la première question : *L'avenir des Cours Complémentaires.*

En vain, essayerait-on d'établir une démarcation précise entre un Cours Complémentaire et une Ecole primaire supérieure. Il n'y en a aucune. Le Cours Complémentaire est un prolongement de l'école primaire élémentaire, tout comme l'école supérieure. Si le Cours Complémentaire et l'école élémentaire ont un même directeur ou une même directrice, il en est souvent de même de l'école supérieure et de l'école élémentaire. Cours Complémentaire et école primaire supérieure donnent le même enseignement et obtiennent les mêmes résultats. Le personnel a souvent les mêmes titres, c'est-à-dire le B. S. L'appellation ne signifie pas grand'chose. Cependant, d'une manière générale, on croit que l'école supérieure est d'un degré au-dessus du Cours Complémentaire, on croit qu'il s'y donne un meilleur enseignement, alors que c'est quelquefois le contraire.

Il y a cependant une chose certaine : c'est que l'administration pousse plutôt à la création des écoles primaires supérieures. Pourquoi ? Ne serait-ce pas pour ouvrir un débouché aux maîtres et maîtresses pourvus de titres ? et cela au détriment du personnel primaire qui, pourtant, travaille pour fonder les Cours Complémentaires qui deviendront des écoles supérieures dès qu'ils seront prospères ! Si les Cours Complémentaires ne faisaient que changer de nom, ce ne serait rien ; mais ils changent également de directeur ou de directrice. Le créateur du Cours Complémentaire devenu école supérieure est relégué dans son école primaire élémentaire et cède la place à un autre. Le directeur du Cours Complémentaire a travaillé, peiné; il y est allé de son temps, de sa peine, de son initiative, de son argent; au début, il avait en face une école congréganiste; il a subi les attaques, les injures du curé, de la réaction et de la presse bien pensante: à force de tact et de dévoûment, il a fait pourtant réussir l'école laïque et maintenant que son école et son cours complémentaire sont prospères, que le pensionnat qu'il a créé est rempli de pensionnaires, on lui dit: « *Cède la place à un autre* ». Cet autre est quelquefois un brillant nourrisson de Saint-Cloud ou de Fontenay-aux-Roses; il a exercé dans une école normale ou dans une école primaire supérieure et les clameurs de la réaction ne sont pas arrivées jusqu'à lui; il a fait consciencieusement ses vingt heures de classe par semaine et, en dehors de son service, il a collaboré quelquefois au journal de la sous-préfecture; et c'est pour cela qu'au jour de l'ouverture de l'école supérieure, il est là pour prendre la direction, tandis que le créateur de l'école supérieure est relégué, disgracié et meurtri, à l'école primaire élémentaire; disgracié pour avoir trop bien fait prospérer l'établissement qu'il dirigeait. C'est inouï. Où est la justice?...

Pour mon compte personnel, voici ce qui m'est arrivé:

Nommée à Tulle en 1885, je m'efforçai de faire prospérer mon école. Pour mieux lutter contre l'enseignement congréganiste, j'annexai plus tard un pensionnat à mon école, à mes frais; j'arrivai à avoir 50 pensionnaires et j'en aurais bien eu davantage si j'avais eu la place, portant ainsi un coup très sensible aux deux couvents de Tulle, dont la clientèle baissait d'une façon inquiétante pour eux. Mais j'avais dû dépenser, en 1902, 2,000 francs pour faire un nouveau dortoir et 4,000 francs en objets de literie, soit une somme de 6,000 francs que je n'avais pas encore récupérée lorsqu'on me pria de laisser la place à une autre.

En 1902, Monsieur Gilles, inspecteur général, constata l'importance du cours supérieur de mon école et demanda la création d'un cours complémentaire. Ce cours qui existait de fait depuis dix ans fut créé officiellement en juillet 1904. Mais, aussitôt, l'Administration en demanda la transformation en école primaire supérieure, donnant pour raison que les cours complémentaires ne peuvent être que *d'une année*, alors qu'à Lyon il y a un cours complémentaire de garçons et un cours complémentaire de filles, chacun de trois années. L'école primaire supérieure fut votée. A ce moment, mon école comptait 50 pensionnaires, un cours complémentaire et 138 élèves munies de certificat d'études. De 1895 à 1904, j'ai eu une moyenne de 18 brevets, de 5, 6, 7 élèves admises dans les écoles normales et des certificats d'études primaires supérieures. En 1903, j'eus 4 brevets supérieurs et 5 en 1904. Devant une pareille situation et de pareils résultats, on ne pouvait objecter ni la faiblesse des études, ni l'incapacité de la maîtresse. Le Conseil Municipal, à l'unanimité, émit spontanément le vœu que je sois déléguée à la direction de l'école primaire supérieure. Cette délégation, je la trouvais et tout le monde la trouvait toute naturelle. On allait me prendre 138 élèves, le cours complémentaire, le pensionnat que j'avais créé moi-même; on allait me frustrer moralement et pécuniairement, non, je ne croyais pas que cela fût possible. J'avais semé, la récolte était bien venue, une autre est arrivée qui a moissonné à ma place. Voilà l'avenir des cours complémentaires. Celui-là « a vécu ce que vivent les roses » et la directrice qui l'avait créé, après 19 ans d'un travail acharné a été disgraciée.

Pour compléter ma relation, je dois ajouter que je demandai à permuter avec la directrice d'Ussel. Je voulais quitter le voisinage de l'école primaire supérieure qui m'était devenu odieux et l'institutrice d'Ussel désirait vivement venir à Tulle. On nous refusa la permutation, ou plutôt on me la refusa sous le prétexte que l'école d'Ussel ayant un pensionnat, je ferais une concurrence désavantageuse à l'école primaire supérieure de Tulle et l'empêcherais de réussir. (Ussel est à 70 kilomètres de Tulle). On craignait surtout, et on ne s'y trompait guère, que je ne fisse créer un cours complémentaire à Ussel. Ainsi donc on prive toute la région d'Ussel d'un cours complémentaire, qui rendrait les plus grands services, au profit de l'école supérieure de Tulle; autre exemple de l'avenir des cours complémentaires.

Je souhaite bien vivement que les directeurs et directrices qui travaillent tant pour faire prospérer les cours complémentaires ne soient pas, comme moi, victimes de leur dévoûment.

Je vous prie d'agréer, Monsieur et Cher Collègue, l'expression de mes sentiments confraternels.

M. BONNEVAL.

LE RAPPORTEUR. — J'ajouterai qu'un vœu du Conseil municipal de Tulle demandait que M<sup>me</sup> Bonneval eût par délégation la direction de l'E. P. S. On n'en tint pas compte.

Les réflexions qui nous suggère la lecture de ces documénts ne sont pas d'une gaîté excessive. Mais je crois nécessaire de demander pour l'avenir des garanties sérieuses, et j'estime pour ma part que le Congrès doit faire siennes les propositions d'une de nos collègues et adopter dans leur ensemble les résolutions suivantes qu'elle a adressées à votre rapporteur :

Le Congrès des Cours Complémentaires, considérant qu'en ces dernières années, un certain nombre de cours complémentaires avec pensionnats ont été transformés en écoles primaires supérieures ;

Que ces pensionnats étaient souvent l'œuvre personnelle des directeurs ou directrices des cours complémentaires, qui les avaient créés à leurs frais, pour mieux lutter contre les écoles congréganistes ;

Qu'aussitôt que ces cours complémentaires et pensionnats ont été prospères, on les a transformés en écoles primaires supérieures, à la tête desquelles on a mis des professeurs d'école normale ;

Qu'on a ainsi dépossédé bien des directeurs de ces cours complémentaires avec pensionnats, juste au moment où ceux-ci devenaient rémunérateurs, et alors que les directeurs de ces cours pouvaient n'avoir pas récupéré leurs dépenses ;

Qu'il est injuste de leur avoir enlevé le fruit de leur travail, de les priver des bénéfices probables qu'ils auraient faits sur les pensionnats qu'ils ont créés ; de diminuer leur traitement de deux cents francs ; de les frapper dans leur dignité en les déclarant incapables de diriger les établissements qu'ils ont pourtant créés et de les diminuer aux yeux des populations en les faisant déchoir de leur situation ;

Que cependant ces directeurs ou directrices, tous d'un certain âge, ont connu des heures difficiles, subi les attaques du clergé et de la réaction et n'ont réussi à faire triompher l'école laïque qu'à force de tact et de dévoûment ;

Que les professeurs d'école normale ou d'école primaire supérieure qui ont remplacé les directeurs de cours complémentaires n'ont jamais été à la peine comme ces derniers ;

Qu'on ne peut sérieusement invoquer la raison par laquelle les professeurs de l'école supérieure seraient au-dessus de leurs directeurs par les titres ;

Que cela se voit tous les jours dans l'enseignement primaire élémentaire et dans l'enseignement secondaire ;

Qu'en vain on invoquerait la loi pour soutenir que les directeurs et directrices de cours complémentaires transformés ne peuvent rester à la direction des nouvelles écoles supérieures ; qu'en admettant qu'on ne puisse les nommer à titre définitif, on peut toujours les déléguer à la direction de l'école primaire supérieure (la délégation se pratiquant à tous les degrés et dans toutes les administrations), ce qui sauvegarderait leur dignité et leurs intérêts ;

Que, pour réparer le préjudice causé aux directeurs et directrices des Cours Complémentaires transformés en écoles supérieures, il serait logique et juste que ces directeurs ou directrices soient réintégrés dans leurs fonctions.

*Emet le vœu que lorsqu'un cours complémentaire sera transformé en école primaire supérieure, le directeur ou la directrice garde la direction de la nouvelle école supérieure ;*

*· Et que les directeurs ou directrices dont les cours complémentaires ont été transformés en écoles primaires supérieures soient réintégrés dans leur ancienne situation.*

GRAUX. — Lors de la discussion du budget, on a promis que les situations seraient respectées.

VOIX NOMBREUSES. — Le bon billet ! C'est faux !

UN DÉLÉGUÉ du Lot-et-Garonne. — Dans mon département, on a nommé un instituteur qui n'avait que le brevet supérieur directeur de l'E. P. S. d'Aiguillon.

LE RAPPORTEUR. — C'est le cas de M^lle Bonneval. Elle dirigeait un Cours Complémentaire et elle n'a pas été nommée directrice de l'E. P. S. C'est encore le cas de M^lle Bouchard, de Mende.

M. BRUNET. — Il y a un cas identique à Cahors.

LE RAPPORTEUR. — Oui, il y a des cas. A Vif, dans l'Isère, par exemple, le directeur a obtenu le professorat ; il est resté dans son cours. Eh bien ! il n'a jamais pu toucher les 500 francs du professorat, qu'il aurait à l'E. P. S.

Un autre collègue a eu le professorat restreint. Nommé dans une école supérieure, il revint plus tard dans un cours complémentaire, mais il perdit ses 500 francs. Légalement on les lui devait.

LE PRÉSIDENT. — La question que nous discutons en ce moment a été soulevée à la Chambre, le 21 février dernier, M. Steeg, alors rapporteur du budget de l'Instruction publique, a soumis au directeur de l'enseignement primaire les réflexions suivantes :

Il est certain nombre de cas dans lesquels l'activité déployée par les maîtres de cours complémentaires a permis de créer ultérieurement une école primaire supérieure. Ici le maître de cours complémentaire a fait preuve non seulement d'initiative et d'ingéniosité, mais aussi d'une réelle valeur. Ne pensez-vous pas, Monsieur le directeur, que cet instituteur doit bénéficier d'un droit de préférence pour être appelé dans la nouvelle école primaire supérieure dont l'existence est due à ses efforts et à leur succès ? La situation est trop dure pour ce maître qui se voit privé de la rémunération qu'il avait eue pendant nombre d'années : étrange récompense de son utile labeur ! (*Très bien ! très bien !*)

Il ne faut pas que le zèle, que les services rendus se traduisent à un moment donné par une diminution de traitement.

La question n'est pas d'ordre budgétaire, elle est d'ordre purement administratif et je suis assuré que la bienveillance de M. le Directeur de l'enseignement primaire ira tout naturellement à des fonctionnaires qui auront prouvé la valeur de leurs services par les résultats excellents qu'ils ont obtenus. (*Très bien ! très bien !*)

Ecoutez la réponse, telle qu'elle figure à l'*Officiel* :

*M. le Directeur de l'enseignement primaire, commissaire du gouvernement.* — Lorsqu'un cours complémentaire est transformé en école primaire supérieure, nous consolidons la situation de tous les maîtres des cours complémentaires dont l'instruction nous est démontrée suffisante ; quant aux autres, nous les conservons habituellement en fonctions jusqu'à ce qu'une situation équivalente leur ait été trouvée dans le département.

*Protestations générales.* — Et Madame Bonneval ?

LE RAPPORTEUR. — Voyons maintenant le sort des cours peu peuplés. Supprimera-t-on les cours ayant moins de 15 élèves, sous cette réserve que les maîtres chargés de ces cours soient pourvus d'un emploi équivalent dans le plus bref délai ?

M. PAYOT. — Pourquoi généraliser ? Pourquoi quinze ? Vous savez bien ce qui va arriver, si vous supprimez des cours : les élèves iront en face.

LE RAPPORTEUR. — Croyez-vous qu'il soit possible de maintenir un cours avec dix ou douze élèves ?

M. DERESMES du Nord. — Je désire appuyer la proposition de mon collègue Payot. Des crises peuvent sévir sur des écoles, à un certain moment. Quand l'âge du certificat d'études primaires était de 11 ans, beaucoup de parents laissaient leurs enfants jusqu'à 13 ou 14 ans. Mais depuis qu'on ne peut plus se présenter avant douze ans, il n'est guère possible de garder longtemps les élèves. Chez nous, il y a une crise, il y en a une aussi dans les écoles supérieures. Ainsi, en ce moment, j'ai peu d'élèves;

je fais cependant de mon mieux ; j'essaie même de constituer un pensionnat. On viendra me dire, alors, en ce moment : « Pardon, vous n'avez pas beaucoup d'élèves, je ferme votre boîte ! »

M. BAZENANT. — Notre collègue doit savoir que le chiffre est prévu par la loi : c'est douze. Il ne faut pas être plus sévère que la loi. Pourquoi prendre l'initiative d'une mesure pareille ? Ce serait engager l'avenir de beaucoup de nos collègues. Je ne vois pas pourquoi on pose cette question.

M. LAVIE. — La loi dit d'ailleurs qu'on supprimera le cours quand il y aura moins de douze élèves pendant trois années consécutives. C'est suffisamment explicite.

LE RAPPORTEUR. — Le mieux alors serait de n'en rien dire.

M. BAZENANT. — Il faut cependant que les textes de loi soient respectés. On a supprimé à Bordeaux plusieurs cours qui avaient plus de 20 élèves. L'Administration académique n'a pas posé la question. Je demande qu'on laisse vivre les petits cours complémentaires et qu'on n'en supprime pas qui soient dans les conditions légales.

M. PAYOT. — Nous n'avons pas a envisager la suppression des cours peu prospères. Ceux qui végètent sont ceux où le recrutement n'a pas été favorisé ou ceux qui sont livrés à eux-mêmes. Je demande le rejet de la proposition.

M. LE PRÉSIDENT. — L'Assemblée me paraît d'avis d'écarter ce vœu. (*Assentiments*). N'en parlons donc plus. Nous remettrons de même à demain la solution concernant les cours transformés en E. P. S. Cela reviendra dans la discussion de la deuxième question. Reprenons la suite de l'ordre du jour.

---

## Comités de Patronage

LE RAPPORTEUR. — Chaque Ecole primaire supérieure a son Comité de patronage, nommé par arrêté ministériel sur la proposition du Recteur.

Nous sommes un certain nombre à penser qu'il y aurait avantage pour chaque cours complémentaire à en avoir un aussi.

Non pas que nous pensions que les deux ou trois réunions annuelles du Comité puissent provoquer une accélération quelconque dans le fonctionnement du cours, mais parce que cela donnerait un peu de relief à une institution qui a besoin d'être mieux connue.

Intéresser à notre œuvre les délégations cantonales, les maires des communes, les chambres de commerce, les sociétés agricoles, n'est-ce pas contribuer à attirer sur nous l'attention du public, et nous pouvons le faire en créant à côté de chaque cours un Comité de patronage.

**Vœu. — Il sera créé à côté de chaque cours complémentaire un Comité de patronage. Cette création se fera dans les formes prescrites par l'arrêté du 18 janvier 1887 pour les Comités de patronage des E. P. S.**

UNE VOIX. — Le meilleur comité de patronage, pour un cours complémentaire, c'est une société amicale d'anciens élèves, c'est l'association qui fera le mieux connaître le cours.

M. SOUVERAIN. — Je crains les comités de patronage. Aujourd'hui, le comité est animé d'une grande bienveillance ; on marche la main dans la main ; mais un revirement peut se produire, le directeur subira alors l'influence du comité. Il y a là un danger. Je me rallie à la proposition de mon collègue qui dit que la propagande doit se faire surtout par les anciens élèves ; ceux-ci peuvent avoir une grande influence dans le milieu qu'ils habitent. Je suis payé pour le savoir.

M. BAZENANT. — Les comités ne rendent d'ailleurs aucun service.

LE PRÉSIDENT. — Je mets aux voix le vœu.
Il est repoussé.

---

## B. — Recrutement des Elèves

Le questionnaire qui vous a été adressé, mes chers Collègues, a placé sous le titre B, la question du recrutement des élèves.

C'est en effet la question qui doit nous préoccuper après celle de la création d'un Cours complémentaire. Sans beaucoup d'élèves, un Cours complémentaire ne peut guère prospérer. Sans beaucoup de bons élèves, il ne peut pas être florissant.

Comment se recrutent les élèves de nos Cours complémentaires ?

Légalement, d'après l'article 38 du décret du 18 janvier 1887, ces élèves doivent être pourvus du C. E. P., et justifier qu'ils ont suivi, pendant une année au moins, le cours supérieur d'une école primaire élémentaire.

« Toutefois, ajoute le décret, les élèves qui auront fait
« leurs études primaires, soit dans leur famille, soit dans
« une école privée pourront, *s'ils sont munis du certificat*
« *d'études primaires élémentaires*, être admis dans une
« E. P. S. ou dans un Cours complémentaire à condition
« de justifier qu'ils ont étudié les matières comprises
« dans le programme du cours supérieur des éc  
« publiques.

« Cet examen complémentaire sera subi devant une
« commission composée du personnel enseignant de
« l'E. P. S. ou du Cours complémentaire, sous la prési-
« dence de l'Inspecteur primaire. »

Donc, condition primordiale d'admission dans nos
Cours complémentaires : le certificat d'études primaires.

Les opinions sont très partagées, très diverses, parmi
nous à ce sujet.

Les uns demandent l'abrogation pure et simple de
l'article 38 précité.

D'autres en demandent le maintien absolu. D'autres
enfin souhaitent des modifications spéciales.

Ceux qui demandent l'abrogation de l'article 38 disent :

« 1° Les élèves d'élite sont retardés parce qu'ils n'ont
pas le C. E. P. ; 2° des élèves âgés, cultivés déjà, venant
d'un établissement secondaire ou d'une école privée, ne
peuvent actuellement suivre un Cours complémentaire
(on ne les a jamais présentés au C. E. P.). »

Ceux qui demandent le maintien pur et simple de
l'article 38 disent :

« Nous ne voulons pas de dispenses d'âge pour le
C. E. P. ; les élèves ne sont pas déjà si forts quand ils
arrivent au C. C. N'abaissons pas le niveau du certificat
d'études. »

A vous, mes chers Collègues, de vous prononcer. Mais
voulez-vous, auparavant, me permettre de vous donner
communication du vœu de notre collègue Gravier, de
Fécamp :

« Considérant que la loi du 11 janvier 1910, reculant à
12 ans l'âge d'admission au certificat d'études, basée sur
des intentions excellentes, est inhumaine et réactionnaire
en certains cas :

Inhumaine, car un élève né en septembre peut se présenter au C. E. P. d'octobre (et non de juillet) ce qui le
met, s'il veut entrer de suite au C. C. ou à l'E. P. S. dans
l'obligation de travailler pendant les vacances et de se
remettre à l'étude, sans repos, dès le lendemain de l'examen.

Réactionnaire, car l'intelligence et le travail sont la

seule richesse de l'enfant pauvre. Pourquoi, s'il est capable de passer le C. E. P. à onze ans, l'obliger à piétiner une année ou deux — s'il est né après le 1er octobre — à la porte du C. C. ou de l'E. P. S. ?

Les enfants d'élite, pauvres d'argent, mais riches de facultés et de labeur, n'ont-ils pas intérêt alors à fréquenter une école libre bien organisée, susceptible de leur offrir une classe qui corresponde à leurs capacités ?

Le Congrès

Considérant que les enfants qui se sont fait inscrire provisoirement sur les registres de l'Inscription maritime peuvent obtenir le C. E. P. à onze ans, quitte à ne jamais naviguer ;

Considérant qu'il convient d'éviter la fraude et d'empêcher qu'un écolier muni du C. E. P. puisse chercher un emploi au dehors ;

Emet le vœu suivant :

*Tout enfant qui atteindra l'âge de onze ans avant le 1er octobre pourra être présenté au C. E. P. s'il s'est fait inscrire au préalable dans un C. C. ou une E. P. S. Le dit C. E. P. n'accordera pas au titulaire le droit de quitter l'école avant la fin de l'année scolaire pendant laquelle il atteindra sa douzième année. »*

De vos discussions, votre rapporteur souhaite qu'il résulte un vœu qui satisfasse les intérêts de nos Cours complémentaires.

M. AYMARD. — Je désirerais présenter quelques observations. Remarquez à quoi nous entraîne ce vœu, à toucher à la législation même de l'enseignement primaire, à la question de l'inscription maritime, à la suppression des dispositions législatives existantes. Je vous demande de l'écarter. Au sujet de l'âge des enfants, je vous dirai simplement : ne provoquez pas l'intervention du législateur. Il n'y a aucun avantage pour les cours complémentaires à établir des règles trop précises, ils en seraient plus gênés qu'aidés. Bornons-nous à demander des dispositions générales, pour laisser à chacun sa pleine liberté d'action.

La législation actuelle dit qu'on est obligé d'avoir le certificat d'études pour entrer au cours complémentaire. Par conséquent ce que notre collègue demande n'a pas sa raison d'être. Si l'on a un élève distingué, on peut le faire passer au cours supérieur quand on le désirera. Cela ne l'empêchera pas de se présenter au certificat d'études dès qu'il aura l'âge, et d'entrer ensuite immédiatement au cours complémentaire. C'est ce que nous faisons à Saint-

Denis quand le cas se présente et cela avec l'approbation de l'Inspecteur primaire.

M. BAZENANT. — La loi qui a fixé à 12 ans la date du certificat d'études n'a pas d'inconvénients chez nous. Les enfants des écoles supérieures et des cours complémentaires sont recrutés au moyen d'un concours, le même pour tous les candidats. Ces enfants peuvent avoir passé un an dans un cours supérieur de la ville. Eh bien ! on ne peut pas les faire travailler et pour le certificat et pour l'examen d'entrée des cours complémentaires. Cela ne peut pas se faire. Les élèves du cours supérieur n'ont pas les mêmes cours que ceux du certificat. S'ils ont 11 ans, ils doivent entrer dans le cours supérieur. Il est donc nécessaire de s'en tenir aux généralités sans trop vouloir légiférer. C'est très important.

M. PAYOT. — Pour des raisons différentes, je suis de l'avis de M. Bazenant, c'est-à-dire que je voudrais bien qu'on n'adoptât pas le vœu présenté. On a indiqué comme inconvénient l'âge du certificat d'études, mais comme moyen de parer à cet inconvénient, il y a l'entrée au cours supérieur sans être pourvu du certificat d'études. Il est vrai que le cours supérieur n'a pas le programme du certificat d'études et qu'il risque alors de devenir un cours moyen. Ne serait-il pas plus naturel de demander — et ceci se lie à la question des bourses — qu'une dispense d'âge fût accordée aux élèves qui veulent se présenter au certificat d'études ?

M. GRAUX. — Le ministre, consulté, a répondu que l'élève qui se présentait au certificat d'études pouvait être considéré comme ayant fait le cours supérieur. Il y a une communication à ce sujet dont la date m'échappe. (*Bruits divers*).

LE RAPPORTEUR. — Comment ferez-vous avec les élèves qui viennent des collèges et que vous ne pouvez pas recevoir ?

LE PRÉSIDENT. — Messieurs, vous vous égarez dans les détails. Revenons à la question, je vous prie. Personne ne demande plus la parole ?

M. PAYOT. — Je veux simplement répondre ceci : ne pourrions-nous pas ressusciter une disposition abrogée, existant autrefois pour les écoles primaires supérieures, et qui consisterait à faire subir, devant le personnel de l'école, un examen spécial pour entrer au cours complémentaire ?

M. BAZENANT. — C'est un abus, soit des municipalités, soit de l'administration académique. Il n'y a pas dé loi qui dise qu'on doive passer un examen pour entrer au cours complémentaire ou aux écoles supérieures.

Non. La possession du certificat suffit. Le ministre m'a adressé personnellement, à ce sujet, une lettre dans laquelle il me disait qu'il n'existait pas de dispositions spéciales. Mais quand la place manque, on est bien obligé de faire, non pas un examen, mais un concours pour classer les candidats. C'est une disposition du décret de 1887 qui dit qu'il y a un examen d'entrée, mais c'est pour classer les élèves quand la place fait défaut.

M. AYMARD. — Il existe dans la Seine un examen d'entrée au cours complémentaire et il est absolument légal. Il n'est pas possible d'ouvrir nos classes à tous les élèves sans distinction, car alors elles seraient encombrées de médiocrités. Le cours complémentaire n'étant pas obligatoire au même titre que l'école primaire, on doit tenir compte des places disponibles ; il serait même à souhaiter que toutes les fois qu'un examen d'entrée peut être possible on le rendit obligatoire. Nos cours y gagneraient en sérieux, en résultats.

M. BAZENANT. — Il n'y a d'obligatoire que ce qui est inscrit dans la loi, et ce que vous dites n'est pas inscrit dans la loi : c'est un examen autorisé par le ministre. Nous ne pouvons pas l'attaquer en Conseil d'Etat, mais un père de famille pourrait le faire.

M. BERNARD. — Je voudrais seulement dire ceci : nous sommes beaucoup qui avons réclamé au sujet de l'âge du certificat d'études, parce que les épreuves étaient véritablement très faibles. Si nous demandons des exceptions, tout le monde en demandera. Je crois qu'il vaut mieux ne pas s'engager dans cette voie.

LE RAPPORTEUR donne lecture du vœu :

*Tout enfant qui atteindra l'âge de 11 ans avant le 1er octobre pourra être présenté au C. E. P. s'il s'est fait inscrire dans un C. C. ou une E. P. S.*

*Le C. E. P. n'accordera pas au titulaire le droit de quitter l'école avant la fin de l'année scolaire pendant laquelle il atteindra sa douzième année.*

LE PRÉSIDENT. — Je mets le vœu aux voix.

Il est repoussé.

---

## Les Bourses et la Circulaire
### du 7 Septembre 1895

LE RAPPORTEUR. — Parmi les institutions capables de favoriser le recrutement des élèves, il en est une qui a motivé, dans tous les rapports que j'ai reçus, des propositions presque unanimes : c'est celle des bourses d'enseignement primaire supérieur. Or la circulaire du 7 septembre 1895 nous a enlevé les boursiers de l'Etat, sous prétexte que « les programmes d'études de nos cours ne sont pas les mêmes que ceux des E. P. S. »

Cependant pour qui sait comment fonctionnent en réalité nos C. C., il est évident qu'il faut bien que le cycle des études primaires supérieures ait été parcouru par nos élèves ; car comment pourrions-nous, sans cela, les présenter avec succès au C. E. P. S., au brevet, aux Postes, au concours de l'Ecole normale, etc. ?

Cette même circulaire proclame la prospérité de nos cours ; elle constate que le nombre de nos élèves s'accroît de plus en plus, « preuve frappante que la faveur publique continue à s'attacher à ces établissements », et elle ajoute : « Ils répondent en effet aux besoins et aux vœux « les plus légitimes des familles qui, tout en voulant « compléter l'instruction primaire de leurs enfants, n'ont « pas dans leur voisinage une école primaire supérieure « ou reculent devant les sacrifices que leur imposerait la « durée des études dans ces écoles. Aussi, mon adminis- « tration, *pénétrée de la haute utilité des Cours complémen- « taires*, ne cesse-t-elle de leur marquer son intérêt, et de « créer, chaque année, des cours nouveaux ou de nouveaux « emplois dans les cours existants. Mais, en ce qui con- « cerne les boursiers, les prescriptions réglementaires et « l'intérêt des études exigent que les bourses *soient* « *réservées aux écoles primaires supérieures.* »

Il est cependant établi que nombre de nos cours ont une organisation semblable à celle des E. P. S., qu'ils offrent autant de garanties sous le rapport de la qualité des études, que leur organisation leur permet avantageusement de recevoir des boursiers et que rien ne justifie l'interdit dont ils sont frappés.

Dans ces conditions, nous demandons le retrait de la circulaire précitée ; nous demandons également que les élèves admis aux bourses puissent, s'ils le désirent, continuer chez nous leurs études, et enfin qu'on multiplie les bourses familiales et les bourses d'entretien.

En conséquence, nous vous soumettons le vœu suivant :

*Le Congrès émet le vœu :*

*1° Que la circulaire du 7 septembre 1895 soit rapportée et que les boursiers d'Etat de l'enseignement primaire supé- rieur restent libres dans le choix de l'établissement où ils veulent continuer leurs études ;*

*2° Que les bourses familiales et d'entretien soit particu-*

*lièrement multipliées, de façon à séparer le moins possible l'enfant de sa famille.*

M. BERNARD. — Il est profondément regrettable de voir que lorsque nos élèves reçus aux bourses manifestent le désir formel de continuer chez nous leurs études, l'Administration n'en tient aucun compte et les envoie quand même dans une école supérieure. Je demande que lorsque les parents en témoigneront le désir, l'élève puisse aller à l'établissement de son choix.

M. SOUVERAIN. — Evidemment, c'est de toute justice que l'élève soit libre de choisir son école.

M. PAYOT. — Nos collègues de la Savoie sont d'avis que ces bourses pourraient être d'un chiffre très restreint, car ce serait à désirer que nous ne recrutions pas seulement ceux qui veulent aller aux administrations publiques, mais aussi ceux qui se destinent à l'agriculture, au commerce, à l'industrie, aux professions manuelles.

Pour nos élèves, nous comprendrions parfaitement des bourses de 25 francs, de 50 francs, et il n'est pas du tout nécessaire d'envisager des bourses de 100, 200 francs, etc.

M. AYMARD. — A ce sujet, nous pourrions demander que l'institution des bourses familiales soit développée. Il y a un intérêt tout à fait moral à ce que les élèves soient placés dans des familles du chef-lieu de canton où de l'endroit où fonctionne le Cours complémentaire.

Je relisais, il y a peu de temps, les mémoires de Marmontel. J'ai été frappé dans le récit charmant qu'il fait de sa vie au collège, de l'honnêteté du milieu, de l'action réciproque des enfants les uns sur les autres, lorsqu'ils retrouvent au sein des familles qui les hébergent les mœurs simples èt fortes de leur propre foyer. Dans l'internat, ce qu'il y a de redoutable, c'est le déracinement. Il faut développer le milieu familial, pour retenir l'enfant, à la campagne et enrayer le mouvement de dépopulation qui s'accentue. Je serais très heureux que vous vous ralliiez à un vœu tendant à ce que l'institution de bourses familiales soit plus largement dotée. (*Applaudissements*).

M. POURCEL. — Je voudrais qu'on demande le développement des bourses sans spécifier d'internat, d'entretien ou familiales. Certes les bourses familiales sont importantes, mais les bourses d'entretien le sont peut-être plus encore. Vous savez qu'il y a 3 sortes de bourses : des bourses d'internat attribuées à des élèves placés à demeure, qui sont internes dans une école ; des bourses d'entretien, données à des élèves logés dans leur propre famille ; des bourses familiales, accordées à des élèves placés en pension dans des familles autres que la leur, chez des parents, des amis, des personnes honorables.

Je désire qu'on demande au gouvernement de développer l'institution des bourses, mais sans spécifier : internat, familiales, ou entretien. Toutes les bourses sont importantes : chacun s'arrange comme il peut, chacun fait comme il l'entend.

Je demande purement et simplement le développement de l'institution des bourses.

M. LAVIE, de Nogent-le-Rotrou. — Je suis d'avis d'encourager les bourses familiales. Je suis moi-même un ancien boursier de ce genre, et je me rappelle mon état d'âme et celui de mes camarades. Il est à tous points préférable de rester auprès de ses parents. On apprend à respecter son père, à aimer sa mère, on n'a pas ce tempérament « potache » que j'ai constaté chez mes camarades de promotion, qui étaient entrés de bonne heure comme internes et qui avaient cette tournure particulière d'esprit des pensionnaires et des collégiens.

Je crois, en effet, que des bourses judicieusement accordées aideraient à l'enracinement des enfants dans leur milieu. Il y a là un moyen d'empêcher le dégoût de la campagne en intéressant davantage les enfants à la vie qui les attend plus tard. Il y a un grand avantage au point de vue moral et au point de vue social. Je sais, pour ma part, que je n'aurais jamais pu faire d'études si je n'avais pas été boursier familial.

M. BRUNET. — J'appuie également la proposition de mes collègues. On pourrait donner un plus grand nombre de bourses. Au lieu d'une seule de 3 ou 400 francs, on pourrait satisfaire trois ou quatre familles. Nous aurions ainsi trois ou quatre familles heureuses au lieu d'une et nos cours pourraient se développer. Les enfants resteraient à la campagne. Un grand nombre d'élèves, comme le disait notre collègue Lavie, ont appris beaucoup trop de choses dans les internats. Le milieu familial est beaucoup plus moral. Si j'avais un garçon, cela me ferait de la peine de l'envoyer dans une école supérieure, car la surveillance y est souvent par trop relâchée. Aujourd'hui, il y a des surveillants d'élèves, qui préparent leur brevet ou l'Ecole normale et qui sont à peine plus âgés que ceux qu'ils sont chargés de surveiller.

M. BERNARD. — Je crois que nous retombons dans le défaut de tout à l'heure. Nous voulons trop légiférer, trop réglementer.

J'ai demandé que les élèves choisissent leur école. Nous devons nous en tenir là, car il faut bien reconnaître qu'on doit répondre à tous les besoins. Les parents connaissent mieux leurs enfants que nous. Les uns veulent les mettre dans un externat, d'autres demandent le séjour dans un internat. Il faut pouvoir répondre à tout le monde.

S'il arrive des histoires aux directeurs d'Écoles supérieures qui emploient des surveillants trop jeunes, c'est leur affaire, cela les regarde.

M. CHABANAIS. — Ne pensez-vous pas que l'attribution de ces bourses familiales ne soit de nature à porter un préjudice sérieux aux pensionnats attachés aux Cours complémentaires, au profit d'établissements cléricaux ? Ce sont des éléments que vous enlevez aux directeurs.

LE RAPPORTEUR. — On pourrait alors modifier ainsi : « Que les bourses familiales ou d'entretien soient particulièrement multipliées, là où il n'y a pas d'internat, de façon à enraciner l'enfant dans son milieu. »

M. AYMARD. — Je ne demande pas la prééminence des bourses familiales sur les bourses d'internat. Je demande qu'elles puissent coexister tout simplement.

LE RAPPORTEUR lit le vœu :

**« Que la circulaire du 7 Septembre 1895 soit rapportée et que les boursiers d'Etat de l'Enseignement primaire supérieur restent libres dans le choix de l'établissement (C. C. ou E. P. S.) où ils veulent continuer leurs études.**

**« Que les bourses familiales et d'entretien soient particulièrement multipliées de façon à enraciner l'enfant dans son milieu. »**

M. POURCEL. — Messieurs, il me semble que la première partie du vœu doit donner satisfaction à tout le monde. On n'envoie plus de boursiers aux Cours complémentaires, nous demandons qu'on retire cette circulaire. Je crois qu'il y a du danger à faire croire que nous ne pouvons recruter nos élèves qu'en donnant de l'argent à droite et à gauche. Nous demandons simplement à être mis sur le même pied que les autres.

M. HOULDINGER. — Il y a des bourses familiales de 100, 200, 400 francs. Les bourses familiales donneraient satisfaction à nos collègues, car elles permettent à l'enfant de demeurer en famille, dans sa localité d'origine. C'est un moyen d'aider les familles, elles enverront l'enfant plus facilement chez nous.

M. GASTINEAU. — Vous parlez d'enraciner l'enfant, et voilà que vous allez le déraciner en le mettant dans un internat. C'est l'intérêt des directeurs qui ont un pensionnat dans leur cours complémentaire, mais l'école est créée pour les élèves et non pas pour les directeurs. Nous devons donc chercher l'intérêt des élèves. L'intérêt des élèves veut-il que les bourses soient familiales ou d'internat ?

UN DÉLÉGUÉ de la Charente-Inférieure. — Nous agitons peut-être là une question qui ne nous intéresse pas beaucoup. A côté de quelques cours complémentaires pourvus d'internats, il y a la grande majorité qui n'en a pas. Je suis dans un chef-lieu de canton de dix à onze mille habitants ; le cours est très anémique parce que, dans ce centre essentiellement industriel, les enfants, dès l'âge de 12 ou 13 ans, sont utilisés par les parents, auxquels ils gagnent 70 à 80 francs par mois, au bout de peu de temps. Pour des ouvriers qui ont déjà 4, 5 ou 6 enfants, c'est très joli. Si on pouvait leur venir en aide, ils laisseraient volontiers leurs enfants intelligents une ou deux années de plus au Cours complémentaire, et quand ils en sortiraient, ils seraient aptes à rendre bien plus de services et à mieux réussir. Donnez seulement 100 francs ou 200 francs, et au lieu d'avoir des cours complémentaires de douze ou quinze élèves, vous en aurez de trente et même de cinquante. (*Applaudissements*).

M. CHOPIN. — Nous nous plaignons de ne pas avoir de bourses. Si nous n'en avons pas, c'est souvent que nous n'en demandons pas. On en donne dans les Ardennes sur les fonds départementaux.

LE RAPPORTEUR lit la deuxième partie du vœu :

**« Que les bourses familiales et d'entretien soient particulièrement multipliées de façon à séparer le moins possible l'enfant de sa famille. »**

LE PRÉSIDENT. — La question me paraît maintenant entendue. Je mets aux voix le vœu proposé.

Adopté.

M. ROUX, de l'Isère. — Notre collègue n'a pas tout à fait satisfaction. Pour obtenir même des fractions de bourse, les élèves auront à subir un examen spécial. Il me semble qu'une autre question se pose.

On a parlé de secours à donner aux élèves qui peuvent fréquenter un cours complémentaire. Vous voulez retenir des élèves qui ne sont peut-être pas des élèves d'élite. Or les bourses actuelles servent aux élèves d'élite ; il faudrait bien spécifier. Les élèves brillants ne sont pas toujours les plus intéressants et il faut aussi penser aux autres.

LE RAPPORTEUR. — Notre collègue Lécorché a déposé un vœu par lequel il *demande qu'il soit fait appel aux conseils municipaux dans le but d'obtenir d'eux des bourses. Dans le cas où ces bourses seraient instituées, l'État interviendrait pour pareille dépense.* Je voudrais seulement dire deux mots au sujet de ce vœu. Nous sommes ici les représentants de cours complémentaires de deux sortes. Les uns, très prospères, dont on n'a pas à se préoccuper ; d'autres, qui vivent très péniblement, qui, depuis la nouvelle loi sur l'âge du certificat d'études, n'ont qu'un effectif très réduit. On a peut-être un peu flagellé ce matin les écoles supérieures. Nous avons eu des idées tendancieuses. Or nous ne devons pas recruter les cours complémentaires aux dépens des écoles primaires supérieures ; il faut chercher à les faire vivre par leurs seules ressources. On peut les recruter soit avec les éléments de la localité où ils sont, soit avec les éléments venant de localités voisines. Ils ne peuvent vivre et prospérer qu'à la condition qu'on y attache les meilleurs élèves des écoles annexées ou des écoles voisines.

On pourrait obtenir par des subventions communales des bourses d'entretien ou des bourses familiales. Les conseils municipaux des communes voisines pourraient aussi faire ces créations.

Dans tous les cas, le vœu se propose d'appeler l'attention sur ce point. C'est l'essentiel. Il sera bon de montrer le sentiment très ferme du congrès sous ce rapport, et de chercher à obtenir ces bourses très modestes, qui n'entraînent pas de dépenses considérables et dont la création montrerait que les communes s'intéressent à nos écoles.

J'entends un collègue dire que l'idée est toute platonique. N'empêche, il faut qu'elle soit émise. J'en parle à un point de vue personnel. Je crois que dans nombre de localités le conseil municipal votera fort bien un billet de mille francs. L'exemple décidera les autres.

LE PRÉSIDENT. — Je mets aux voix ce vœu.

Il est adopté.

LE RAPPORTEUR. — Ne pourrions-nous compléter la résolution que nous venons de voter par un vœu qui, d'avance, ralliera tous vos suffrages, si j'en crois les opinions émises par nos collègues :

VŒU

Le Congrès,

*Emet le vœu que des bourses de voyage (abonnements au chemin de fer), des remises spéciales de frais de fournitures classiques aux enfants des familles pauvres, des concessions importantes de matériel d'enseignement soient accordées aux Cours complémentaires par l'État, le département et les communes.*

Ce vœu, s'il entrait dans le domaine des réalisations, ne pourrait que provoquer un accroissement considérable de l'effectif.

Adopté.

Enfin, il est une autre question qui, je crois, nous peut intéresser tous.

Dans nombre de villes où sont établis des Cours complémentaires, il y a plusieurs écoles primaires élémentaires. N'y a-t-il pas lieu de souhaiter que l'Administration intervienne pour diriger vers le Cours complémentaire les élèves de plus de 13 ans qui sont maintenus dans les autres écoles. Nous n'avons pas, en demandant cela, l'intention de décapiter telle ou telle école.

Nous nous plaçons uniquement sur le terrain de l'intérêt général.

Il est de l'intérêt des enfants de se grouper dans un Cours complémentaire bien organisé, afin d'y travailler avec plus de profit et d'y trouver de nombreux sujets d'émulation.

Il en pourrait être ainsi, du reste, pour les enfants des communes circonvoisines de celle où est établi un Cours complémentaire.

## VŒU

Le Congrès,

*Emet le vœu que, dans les villes ayant un C. C. et dans celles où un C. C. sera créé, les élèves des écoles primaires n'ayant pas de C. C. soient dirigés, après l'âge de 13 ans, sur le Cours complémentaire voisin.*

Adopté.

J'ai pensé qu'il y avait lieu de reporter à demain le recrutement des maîtres des Cours complémentaires et de rattacher cette question à celle des traitements du personnel de manière à ne faire qu'une seule rubrique :

## Recrutement et Traitement du Personnel

Le Congrès reste souverain maître de son ordre du jour, c'est entendu. Si vous le désirez, mes chers collègues, nous pouvons discuter, séance tenante, la question du recrutement des maîtres. Mais je pense, à cause des points de contact très nombreux que présentent les deux parties de la question qu'il vaut mieux les joindre une fois pour toutes. Il pourrait arriver en effet que vous votiez aujourd'hui des motions que vous seriez obligés d'écarter demain. Pour la bonne marche de nos discussions et la clarté de nos décisions, je souhaite que vous acceptiez ma proposition.

Adopté.

# C. — La vie et les programmes
## des Cours complémentaires

L'article 30 du décret de 1887 dit : « La durée des cours d'études dans les C. C. est d'un an. Les Cours complémentaires comprennent au plus, quel que soit le nombre des élèves, deux divisions qui pourront être réunies sous un même maître. »

Cet article, dont je ne veux pas dire du mal, me paraît — et il paraît tel à nombre de nos collègues — un tant soit peu contradictoire.

« La durée du Cours d'études est d'un an. » Très bien. Nous verrons ce que la réalité fait dans bien des cas.

Mais alors, pourquoi deux divisions sous la direction d'un même maître ? Qui dit deux divisions dit deux cours d'études séparés. On ne savait guère, en 1887, rédiger clairement, n'est-il pas vrai ?

Et puis, ce pauvre décret, il faut le dire, me semble bien désuet, bien lézardé.

Le ministère de l'Instruction publique — sagement inspiré d'ailleurs — s'est employé lui-même à en faire une lettre morte.

J'en puis donner — et vous aussi — des preuves irréfutables.

Il y a, en France, 265 Cours complémentaires de 2 ans. Il y en a même 16 de 3 ans. J'aime à croire que l'Administration n'a pas à se plaindre d'avoir réalisé de semblables créations. On objectera peut-être que ces créations sont d'avant-hier et que désormais on n'en fera plus. Ce serait bien mal comprendre les intérêts vitaux de la nation.

D'ailleurs, 22 ans après le décret de 1887, en 1909, on créait un cours de deux ans. A l'heure actuelle, d'autres cours de deux ans vont être établis.

L'ensemble des rapports que j'ai entre les mains conclut très nettement à la création, à la généralisation des Cours de deux ans. En effet, les enfants entrent en général au C. C. à l'âge de 13 ans ; un certain nombre s'en vont après leur première année finie, pour entrer en apprentissage ou pour commencer leur stage commercial. Mais beaucoup restent deux ans et plus.

Alors que se passe-t-il ? Le maître chargé du cours d'un an a deux divisions à faire travailler, quand il n'en a pas trois. Besogne écrasante qui exige une santé exceptionnelle. Mieux vaudrait, vous êtes tous de mon avis, que le dédoublement fût fait quand le Cours complémentaire a un effectif important. Mais il faut fixer un minimum, car l'Etat ne consentira pas facilement à créer des postes —

cela se conçoit — à jet continu pour un nombre infime d'élèves.

A vous, mes chers Collègues, de faire connaître vos résolutions.

UN DÉLÉGUÉ, de l'Orne. — Je crois qu'il n'y a pas accord sur les mots « cours de deux ans ». Il y a un moyen d'organisation très simple et qui répond bien à nos besoins. Il consiste tout simplement à revoir, chaque année, une partie des matières dans le programme qui sert de révision et à attaquer une tranche partielle dans le cours de deux ans. Le cycle des études est alors de deux ans.

LE RAPPORTEUR. — Je veux dire cours comportant deux divisions distinctes, ayant deux maîtres.

M. SOUVERAIN. — Il existe 265 cours à deux classes. C'est une minorité sur un total de mille.

UN DÉLÉGUÉ de l'Orne. — Je viens de créer un Cours complémentaire ; il a en moyenne de vingt-cinq à trente élèves. Quoi qu'il arrive, nous aurons des élèves de 13, 14, 15, 16 ans. Nous divisons notre effectif pour faire bien travailler tout le monde. Nous n'avons qu'une année de cours. Nos leçons sont communes ; nous réservons certaines leçons de mathématiques ; mais le travail est réellement fatigant. Néanmoins, nous sommes persuadés que nos cours ne vivront que comme cela. D'ailleurs, il y a énormément de cours comptant 40 et 45 élèves.

M. AYMARD. — J'appuie ce que vient de dire notre collègue.

Les Cours complémentaires ne sont faits que pour donner un complément d'enseignement, leur nom l'indique assez.

Ils le donnent en une année. Quel est le pourcentage de nos élèves qui font plus d'un an ?

*Réponses diverses.* — 90 o/o.

M. AYMARD. — Je prends votre chiffre, j'admets que vos élèves restent deux ans dans la plupart des cas.

*Une voix.* — Au moins ! En province, nos élèves achèvent souvent chez nous leurs études. Vous parlez des cours de la banlieue de Paris.

M. AYMARD. — Il est fort possible d'avoir des élèves qui resteront deux ans. Je suis instituteur au Cours complémentaire de Saint-Denis. Une bonne moitié de mes élèves fréquente deux ans le cours et voici comment je procède : je divise mon programme en deux parties. Une

première année, je parcours, jusqu'à Pâques, la première
partie du programme et je revise ce que je n'ai pas pu
voir. La deuxième année, je prends la deuxième partie et
je fais réviser ensuite la partie antérieure que nous
n'avons pas abordée. Je tire ainsi le meilleur parti des
circonstances.

Mais toutes les fois que vous aurez un cours de deux
ans, avec deux années d'études dans deux classes distinctes, on pourra le transformer sans effort en école primaire supérieure et vous n'aurez aucun argument à
opposer à cette transformation. Je vous engage à réfléchir
et vous répète encore quel danger il y a pour nous à solliciter une législation trop précise qui enlèverait à nos
organismes ce qu'ils ont de meilleur, je veux dire leur
souplesse à se plier à des nécessités diverses.

M. GASTINEAU. — On vient de parler pour les cours
de deux ans ; c'est la minorité, oui, en tant que
nombre d'écoles, mais en tant que nombre d'élèves, vous
dépassez le nombre d'élèves qui fréquentent les cours
d'une année. Puisque chacun parle de ce qu'il fait, permettez-moi de vous dire ceci : ma moyenne est de 70
élèves. Il y a deux maîtres pour deux années. Si quelqu'un
veut donner un enseignement à un seul maître avec deux
divisions par classe, je lui cède la place.

M. SOUVERAIN. — Il y a deux catégories de Cours
complémentaires, il ne faut pas l'oublier. Les uns ont de
nombreux élèves, 40, 50, 100 élèves : ce sont de véritables
écoles supérieures. Ils n'en ont ni le nom ni le titre; mais
leur organisation leur permet de suivre les programmes
des écoles supérieures. Ceux-là aussi sont intéressants. Il
faut envisager toutes les organisations. (*Très bien, très
bien !*)

A la base, nous avons nos Cours complémentaires, bien
plus modestes, qui comprennent des élèves sortis des
cours supérieurs, et qui, par la force des choses, peuvent
encore faire un ou deux ans d'études. Ceux-là sont intéressants aussi, je vous prie de le croire. Quoique nous
fassions, nous sommes obligés de les garder. Mais si sur
les vingt élèves qui sont entrés, nous en voyons disparaître dix, il en restera encore dix, qui fréquenteront
jusqu'à Pâques ou jusqu'à la fin de l'année. A ceux-là,
cependant, il faut bien donner des choses nouvelles. Puis,
de ceux-là, il en restera l'élite qui préparera le brevet,
l'Ecole normale, les Postes, etc., et qu'il faudra bien faire
travailler.

Et nous avons le même travail à recommencer tous les
ans !

Voilà une situation. Je vous la soumets telle qu'elle est et je vous demande une solution.

La situation est très claire. Il y a des cours, dans certains centres, où les enfants peuvent rester pendant deux ans et plus, et d'autres où ils ne restent pas deux ans ; quelques-uns disparaissent dès la première année et le cours reste sous la direction d'un même maître, et c'est ce qui fait sa force. Le maître connaît mieux le tempérament de ses élèves, étant davantage en contact avec eux ; il s'abaisse jusqu'à leur niveau ou il les élève jusqu'à lui ; il en fait des hommes cultivés qui sauront jouer un rôle plus tard.

LE PRÉSIDENT. — L'argument vaut pour les cours de deux ans et de trois ans.

M. AYMARD. — Nous ne demandons pas que les Cours complémentaires aient forcément deux années d'études.

LE RAPPORTEUR. — J'ai demandé tout à l'heure qu'on généralise les cours là où il y a un effectif important. Nous sommes tous d'accord : il ne faut pas tuer les cours d'un an quand l'effectif est suffisant, c'est entendu. Mais là où les besoins exigent qu'on fasse davantage, il est cependant logique de demander qu'on le fasse. Nous voulons tout simplement donner satisfaction aux besoins du pays. Je vais vous relire le vœu :

**« Le Congrès émet le vœu que là où un Cours complémentaire a un effectif suffisant, il soit créé un cours de deux ans et même de trois. »**

LE PRÉSIDENT. — Je mets le vœu aux voix.

M. LABBÉ, de La Rochelle. — Ce sont en somme des questions d'espèce. Vous avez tel cours qui peut subsister avec 12 ou 15 élèves. Ailleurs tel autre en demande 25, 30, 40, 60. Ne fixons pas de chiffre et nous serons toujours dans la note qu'indiquait notre collègue.

M. GRAUX. — Si on ne fixe pas de chiffre, on aura des cours à un seul maître avec 50 et 60 élèves. A Lagny, il y a 50 élèves. C'est très fatigant. Je demande qu'on fixe un maximum. Je demande que toutes les fois qu'un Cours complémentaire aura plus de quarante élèves, pendant trois années consécutives, il soit scindé.

*Une voix.* — Pourquoi quarante ?

M. SOUVERAIN. — Il vaudrait mieux dire : il pourra être scindé. Si la municipalité s'oppose à la création d'un poste, car il y aura deux maîtres, vous pouvez vous heurter avec la municipalité qui prendra des mesures pour vous faire échec. Au lieu de dire « sera » il faudrait mettre « pourra être scindé ».

M. RICHER. — Le règlement exige le chiffre de 36 pour les écoles supérieures de deux années, prenons ce chiffre.

M. BONY, inspecteur. — Je veux faire une simple observation législative. Je ne sais pas si c'est le nombre total qui doit compter. Ne serait-ce pas le nombre de ceux qui demandent à redoubler le Cours complémentaire ? Il peut se faire que le cours ait une année 40 élèves et que l'année suivante il en ait seulement 20. Si vous avez un cours de 25 élèves, la moitié demandant à redoubler, à tripler, c'est de ceux-là qu'il faut vous préoccuper.

Quel est le maximum ? La loi vous le dit. La loi permet à un ministre de supprimer un cours complémentaire quand, pendant trois ans, l'effectif est descendu au-dessous de 12 élèves, c'est le chiffre sur lequel il faut tabler. Quand douze élèves demanderont à redoubler, on scindera le cours.

M. GRAUX. — Je combats l'amendement. Il peut très bien arriver que ce cours ait 40 élèves pendant un temps indéterminé. Si on accepte, ce cours ne sera jamais scindé. Ce cas existe chez moi et à Meaux.

LE RAPPORTEUR. — Chez moi aussi il y a 40 élèves.

M. BONY. — La loi prévoit deux divisions qui pourront être réunies sous le même maître ; c'est donc deux divisions parallèles sous un même maître. Elles *pourront* être réunies, mais elles ne *doivent* pas nécessairement l'être. La loi nous donne une permission. Le jour où vous auriez 80 élèves au lieu de 40, forcément la brutalité des choses ferait le dédoublement. Il n'y a pas lieu de prévoir le cas où vous auriez 30, 40, 50 élèves. Je crois que le cas intéressant, d'après votre discussion, c'est celui où vous avez des enfants qui demandent à faire deux ou trois années de plus, ce sont ceux-là qui demandent un maître, et qui font l'honneur des cours complémentaires.

Je ne m'oppose pas au dédoublement quand il y en a 40 ou 45. Ce qui n'est pas prévu, c'est le redoublement de ceux qui sont peu nombreux.

M. HOULDINGER. — Du moment qu'on ne demande pas à fixer un effectif, tenons-nous en à la première partie du vœu. Lorsque l'effectif permettra de faire un cours de deux ans, on le demandera.

M. SOUVERAIN. — Je suis partisan de fixer un effectif maximum,

**M. BONY.** — Je propose un amendement : là où pendant trois ans consécutifs il y aura douze élèves qui demanderont à redoubler le cours, il sera créé une deuxième année.

**M. GRAUX.** — La question de scinder les Cours complémentaires de plus de quarante élèves est importante à un autre point de vue. En règle générale, le directeur ou la directrice sont directeur ou directrice d'écoles primaires. Il leur est fort difficile de s'occuper de leurs élèves primaires. Ce sont par le fait des directeurs fictifs. Je crois que si l'on scindait les cours complémentaires en deux, dès qu'ils dépassent 40 élèves, le directeur non chargé de classe pourrait alors mieux s'occuper de l'école primaire élémentaire pour laquelle il a été nommé.

**M. RICHER.** — Je vous demande pardon, mais je crois que les règlements ont prévu un nombre maximum d'élèves pour une deuxième année d'études. J'ai connu une école supérieure de deux années qui n'était pas réglementaire. Nous voulons assimiler les cours complémentaires aux écoles supérieures. En fait, pour les écoles supérieures de deux années, le maximum d'élèves imposé doit être de 36.

**LE RAPPORTEUR** lit le vœu rectifié :

« *Le Congrès émet le vœu que là où un Cours complémentaire a un effectif suffisant, il pourra être créé un cours de deux ans et même de trois.* »

**UN DÉLÉGUÉ.** — Il me semble que tout ce que nous disons là est dans la loi ou dans le décret.

**LE RAPPORTEUR.** — Non. Il y est dit expressément que la durée des études dans les Cours complémentaires est d'un an. Je demande que ce soit deux ans et même trois, au besoin.

**UN DÉLÉGUÉ.** — Les cours comprennent au plus deux divisions qui pourront être réunies sous le même maître ; mais on peut créer deux classes distinctes et même plus de deux.

Il y a une loi postérieure au décret de 1893 qui dit : les Cours complémentaires cesseront d'être reconnus par l'État si l'effectif est resté au-dessous de douze élèves par *deux années* d'études. Je crois donc que nous n'avons pas besoin de nous occuper de cette question, si ce n'est pour demander de revenir au décret de 1887.

**LE RAPPORTEUR.** — Ce décret a été effacé par la circulaire de 1895 qui dit que ces cours n'ont qu'un an.

**UN DÉLÉGUÉ.** — Mais une circulaire n'est qu'une indication ; elle ne peut infirmer ni un décret ni une loi. Je demande que la loi actuelle soit simplement appliquée.

LE PRÉSIDENT. — Il est temps de conclure. Je vais mettre aux voix la fixation d'un maximum.

M. CANVILLE. — Le rapporteur demande 40 élèves pendant 3 ans. Pendant un an, c'est bien suffisant. Chez moi, quand j'ai eu 40 élèves pendant un an, le cours a été dédoublé. Pendant un an, c'est suffisant.

M. PAYOT. — Il me semble que la proposition qui vient d'être faite ne détruit pas celle de notre collègue de Seine-et-Marne.

M. GRAUX. — Le terme brutalité des choses ne dit rien. Vous êtes jeune, votre prédécesseur est resté pendant 20 ans, vous aurez ce cours jusqu'à *vitam eternam*. Je voudrais avoir un texte précis à opposer. Je veux que ce cours soit scindé. Et je vous demande le moyen pratique de le faire...

*(Bruits, interruptions).*

M. LAVIE. — Amendez le vœu. Mettez que là où l'effectif dépasse 36 élèves, il est possible de créer deux classes parallèles, là où il n'y a pas deux années de cours.

M. BONY. — Ajoutez : conformément à ce que prévoit la loi. Dans le premier vœu, vous ne faites qu'interpréter la loi, tandis que dans le second, vous la complétez.

LE RAPPORTEUR. — « Le Congrès, s'inspirant de la loi organique, émet le vœu que là où l'effectif atteindra le maximum de 36 élèves, il soit créé un cours de deux ans; que là où 12 élèves au moins, pendant 3 années consécutives, demanderont à redoubler... »

M. BONY. — Mettez : Conformément à l'article 30 du décret de 1887, là où le nombre dépasse 36, les deux divisions nécessaires ne seront pas placées sous l'autorité du même maître.

LE RAPPORTEUR. — Je modifie : ... de 36 élèves, les deux divisions du cours ne soient jamais réunies sous le même maître. »

X.... — Je demande qu'on mette : conformément à la loi organique et à la loi de dépense des 18 juillet 1889 et 27 août 1893.

LE RAPPORTEUR. — On va l'ajouter.

Le Congrès,

« *Conformément à la loi organique et à la loi de dépense des 18 juillet 1889 et 27 août 1893, émet le vœu que là où l'effectif atteindra le chiffre de 36 élèves les deux divisions du cours ne soient jamais réunies sous le même maître,*

« *Et que dans les Cours complémentaires où 12 élèves*

*au moins, pendant trois années consécutives, demanderont à redoubler, il soit créé une deuxième classe.* »

LE PRÉSIDENT. — Je mets aux voix.

Adopté.

## Caractère à donner à l'Enseignement.

Quel caractère convient-il de donner à nos C. C. ?

Quelle orientation imprimerons-nous à notre enseignement ?

Les uns veulent se cantonner dans l'enseignement général, d'autres voudraient amorcer l'apprentissage et donner un caractère utilitaire aux études complémentaires.

Où est la vérité ?

N'y a-t-il pas lieu de considérer avant tout les nécessités du milieu.

Comme le disent si bien nos collègues de la Nièvre et de la Charente-Inférieure : « Le besoin crée l'organe ».

Mais c'est à vous, mes chers collègues, de vous prononcer d'une façon catégorique..

VŒU : *Le Congrès est d'avis que l'orientation de l'enseignement dans les C. C. soit laissée à l'initiative des maîtres et qu'on s'inspire avant tout des nécessités du milieu.*

Adopté.

## La spécialisation ou la non-spécialisation des Maîtres.

Dans les cours de deux ans, les maîtres devront-ils se spécialiser, l'un étant chargé de l'enseignement littéraire, l'autre de l'enseignement scientifique ?

Question importante, à notre avis, et sur laquelle les opinions sont très partagées ? Les uns trouvent qu'il y a intérêt à ce qu'un maître soit chargé de l'enseignement littéraire et l'autre des sciences. Les autres pensent que nous ne devons pas chercher à « copier » le secondaire, et que l'influence morale du maître unique est autrement efficace que celle de deux maîtres spécialisés.

M. AYMARD. — Je demande que nous n'abordions pas cette question ; c'est une question de circonstances sur laquelle il est impossible de formuler une règle générale. Si, toutefois, le Congrès l'abordait, il serait assez aisé de prouver que la spécialisation dans les cours complémentaires fait à la fois du tort aux maîtres et aux élèves.

Aux élèves, car il y a une tendance naturelle chez un spécialiste à élever le niveau de son enseignement particulier et à essayer de donner à ses élèves, intégralement, le résultat de ses recherches sur un point très précis de l'enseignement. Je me rappelle à ce sujet une très jolie anecdote de M. Liard. Dans une école primaire d'Eure-et-Loire, il entendit, une fois, une leçon très copieuse sur Ronsard et les poètes de la Pléiade. Ironiquement, il félicite la jeune maîtresse de sa leçon ex-professo ; mais en bon philosophe qui remonte aux sources, il n'eut aucune peine à retrouver l'origine d'un savoir dépensé si mal à propos. L'institutrice sortait de l'Ecole normale de Chartres ; dans cette Ecole normale enseignait un professeur de lettres et ce professeur de lettres était ancienne élève de Fontenay, où le cours de littérature avait pour titulaire un professeur qui s'était spécialisé dans l'étude de la littérature de la Renaissance. Je redoute pour nos modestes Cours complémentaires beaucoup d'instituteurs semblables à notre collège beauceronne.

Mais la spécialisation est surtout nuisible aux maîtres : elle nuit d'abord à la bonne harmonie du personnel enseignant ; trop souvent ce ne sont que tiraillements, responsabilités rejetées de l'un à l'autre. Et puis, quelle est la vraie force d'un primaire ? C'est une culture générale qui lui donne des clartés sur tout. Avec la spécialisation, vous perdez justement le bénéfice de cette culture solide si laborieusement acquise à l'Ecole normale. J'engage le Congrès à ne pas prendre position sur ce point précis du rapport ; mais s'il passait outre, je serais heureux de lui voir tenir compte des arguments que j'ai esquissés.

M. SOUVERAIN. — Le succès grandissant des Cours complémentaires vient justement de ce que les élèves sont confiés à un seul maître. Nous avons acquis la confiance des familles, que nous tâchons de mériter de plus en plus. Nous ne nous attachons pas seulement à faire de l'instruction ; nous nous servons de l'étude des caractères pour avoir un plus grand empire sur chacun des enfants qui nous sont confiés. J'estime que chaque maître acquiert une autorité morale très grande sur les élèves qui le suivent. Avec deux maîtres, on aura la moitié de la classe avec l'un, l'autre moitié avec l'autre. On formera des jeunes gens décousus, manquant de cette unité de méthode qui fait la force. Vous avez des maîtres qui enseignent avec une méthode précise ; vous en avez d'autres qui sont brouillons. Vous formerez des élèves qui n'ont pas ces méthodes que nous cherchons à faire acquérir dans nos Cours complémentaires.

M. GASTINEAU. — Vous avez parlé de maîtres qui pourraient tirer la couverture à eux chacun de leur côté. Dans mon école, mon collègue fait les sciences, moi les lettres. Cela marche ainsi depuis des années, et nous n'avons jamais pensé, aucun de nous deux, à tirer la couverture à soi. Les élèves profitent d'autant plus de notre enseignement que nous sommes plus expérimentés.

D'autre part, vous voyez un danger à la spécialisation, un danger pour les élèves. Moi, je n'en vois, ni pour les élèves, ni pour les maîtres. Le matin, je fais les lettres en première année ; le soir, je passe dans la seconde année. Dans ces conditions, l'effort est confié à nous deux, exactement comme si chacun se cantonnait dans une classe. Nous suivons nos élèves jusqu'au moment où ils sortent de l'école. L'influence morale qu'ils reçoivent est tout aussi considérable, tout aussi bonne que si nous étions chacun dans notre classe.

Vous parlez du danger de la spécialisation pour le maître. Le maître doit avoir une culture générale suffisante ; mais j'estime que le maître chargé exclusivement des sciences, et qui ne chercherait pas à perfectionner sa culture générale littéraire serait sans excuse. Je vous assure que je fais tous mes efforts, et mon collègue de son côté fait de même, pour étendre mes connaissances générales et conserver celles que j'ai acquises.

M. AYMARD. — N'abordons pas cette question maintenant.

LE PRÉSIDENT. — Les arguments montrent qu'il y a d'excellentes choses d'un côté comme de l'autre. Il serait donc inopportun de trancher ici cette question.

*Une voix.* — C'est une affaire de direction et de Conseil des maîtres.

M. BERNARD. — Il y a des cas où il est bon de se spécialiser, d'autres où c'est mauvais. Il faut laisser aux maîtres le soin de juger.

M. BRUNET. — Je suis dans un cours complémentaire depuis vingt ans, et j'aurais aussi quelques renseignements à vous fournir. Vous n'avez envisagé que le côté élèves, mais il faut aussi envisager le côté maîtres. Il est bon aussi de songer à la somme de travail que nous devons fournir. Avec 50 élèves, un cours complémentaire me semble bien lourd pour un seul maître ; la spécialisation permet de soulager les uns et les autres. Laissons donc le conseil des maîtres libre d'organiser le cours au mieux de tous les intérêts.

LE PRÉSIDENT. — Je propose de passer à l'ordre du jour.

Accepté.

## Programmes

Nous arrivons maintenant à la question des programmes.

Ici encore, les avis sont très différents. « Pas de programmes, pas de lisières, disent les uns. Nous ne voulons pas d'une règlementation à outrance. Nous réclamons la plus large initiative. »

D'autres objectent : « Nous allons un peu à l'aventure. N'y aurait-il pas avantage à avoir au moins un programme minimum ?

Voulez-vous me permettre d'exprimer l'opinion d'un petit groupe de collègues, opinion qui m'a paru — entre les deux extrêmes — capable de rallier vos suffrages ?

Sans doute, nous devons tenir à cœur de conserver dans l'organisation de nos C. C. la plus complète initiative. Mais, justement, un programme minimum vous laissera cette initiative. Nous demandons un programme *minimum*. Soyez sûrs que nous n'en ferons pas — sous prétexte de ceci ou de cela — un programme surchargé.

Pourtant si vous voulez bien considérer que toutes les écoles — l'humble Ecole maternelle, la modeste Ecole primaire, la riche E. P. S. et la savante Ecole normale — ont leurs programmes ; si vous voulez aussi songer que les familles, le public, le grand public que vous voulez amener à vous, tiendront d'autant plus à votre prospérité que vous pourrez leur dire : « Nous faisons ceci, nous faisons cela », vous serez de notre avis.

Pour le public, aujourd'hui, vos C. C. c'est l'Ecole primaire tout bonnement.

Demain, il faut que ce soit l'Ecole primaire encore (nous tenons à notre titre de primaire) mais l'Ecole primaire complétée, prolongée, agrandie.

Donnez-nous un programme aussi modeste que vous voudrez, mais faites que nous ayons quelque chose.

En conséquence, je vous propose le vœu suivant :

*« Le Congrès émet le vœu qu'un programme minimum soit établi pour les Cours complémentaires et que ce programme soit conforme à celui des Ecoles primaires supérieures. »*

M. AYMARD. — Pour un an on pourrait avoir un programme minimum. Mais comme la plupart de nos élèves qui restent deux et trois ans se destinent aux Ecoles normales, je crois qu'on pourrait, pour une deuxième et troisième année d'études, adopter le programme limitatif de l'examen d'entrée. Je vous demande de faire vôtre les conclusions qui ont été adoptées par mes collègues de la Seine.

Donc un programme minimum et pour une année seulement sera établi pour le cours complémentaire d'un an.

M. HOULDINGER. — En ma qualité de rapporteur de la deuxième question, je crains qu'il n'y ait là, un danger, pour arriver à l'assimilation que nous demandons.

L'argumentation que nous avons déjà discutée repose implicitement sur ce principe : A travail égal salaire égal, voilà la grande ligne de cette argumentation. Si on vient demander au ministère une assimilation, il ne faudrait cependant pas faire croire ici qu'on doit nous considérer comme un personnel spécial avec des traitements spéciaux.

Nous demandons à être assimilés. J'estime donc qu'il y a danger à demander un programme spécial pour les cours de plus d'un an, parce que la proposition est spéciale aux cours d'un an. *(Bruits)*.

Ecoutez, vous allez voir. Il existe des écoles supérieures de deux ans qui suivent les programmes généraux des écoles supérieures, programmes qui seraient trop vastes pour nos cours. Dans l'article 4 du décret du 26 juillet 1909 il est dit que dans les écoles primaires supérieures de deux années d'études, l'enseignement est conforme à celui des écoles de plein exercice ; mais que l'enseignement de la deuxième année pourra subir des modifications appropriées aux besoins des établissements. Je conclus donc en demandant qu'on modifie simplement la conclusion de notre rapporteur et qu'on mette : le programme sera celui des écoles supérieures, et qu'on ajoute : auquel on fera subir des modifications, au besoin.

J'ajoute que nous aurons alors le droit de demander l'assimilation.

M. AYMARD. — M. Houldinger demande que nous suivions le programme des écoles supérieures, première année ; mais c'est un programme incomplet. En chimie, on ne va que jusqu'au carbone, en géographie, on ne voit que la France, en histoire, on s'arrête à 1789.

Notre programme est une synthèse qui s'adresse à des enfants qui constitueront plus tard l'état-major de la démocratie ouvrière et paysanne.

La seule chose que nous demandons, c'est l'établissement d'un programme minimum réparti dans une année. Cela n'empêche pas les écoles de deux ou de trois années de suivre les programmes des écoles supérieures. Mais songez donc aux cours complémentaires, et c'est la majorité, qui n'ont qu'une ou deux années d'études au plus.

Nous sommes là, non pour faire de l'abstraction, mais pour nous appuyer sur des faits et réaliser ce qu'il est possible de réaliser.

M. HOULDINGER. — Je n'ai pas du tout demandé que nous suivions les programmes de première année. Je vous ai dit : dans les écoles supérieures qui n'ont que deux années d'études, l'enseignement est conforme à celui des écoles de plein exercice. J'ai ajouté : le programme de l'enseignement de deux années pourrait nous suffire, modifié, approprié aux besoins des établissements.

Je ne demande pas que nous ayons des programmes conformes à ceux des écoles supérieures, première année; je demande le programme minimum général, ou le programme des écoles supérieures, auquel on apportera des modifications appropriées aux besoins des établissements.

Je demande que le vœu de notre collègue soit modifié en ne tenant compte que de la deuxième partie : sera celui des écoles supérieures, auquel on fera subir les modifications appropriées aux besoins des établissements.

M. AYMARD. — Nos élèves emporteront un programme complet.

M. BONY. — Vous enfoncez une porte ouverte. Quelle est la législation aujourd'hui ? Ce point-ci a été fixé dans une circulaire où l'on n'a pas craint de dire : dressez pour les cours complémentaires un programme spécial. Le programme sera dressé par le personnel et soumis à l'approbation de l'inspecteur primaire, en s'inspirant des programmes généraux des E. P. S. Vous pouvez vous appuyer sur cet argument.

LE PRÉSIDENT. — Je mets aux voix le vœu ainsi rédigé :

**Le Congrès émet le vœu qu'un programme minimum soit établi pour les C. C. et que ce programme soit celui des E. P. S. modifié et adopté aux besoins locaux.**

Le vœu est adopté et la séance est levée.

---

# DEUXIÈME SÉANCE

## La question des Ateliers

LE RAPPORTEUR. — Un certain nombre de nos collègues ont manifesté dans leurs rapports le désir de créer des ateliers dans nos Cours complémentaires.

Cette création est obligatoire d'après l'article 39 du décret du 26 juillet 1909.

Nous n'avons donc pas à nous préoccuper de cette question, si ce n'est pour obliger les municipalités qui ont installé autrefois des C. G. sans atelier, à régulariser cette situation.

M. SOUVERAIN. — Les ateliers servent surtout à la préparation du certificat d'études supérieures. Nous n'en avons pas chez nous. Qu'est-ce que nous faisons ? Nous nous abouchons avec des artisans de la ville, avec les ateliers du chemin de fer qui reçoivent nos élèves et les dressent parfaitement. Je crois que c'est suffisant. Pour beaucoup, le véritable atelier, c'est le champ d'expériences, où nous faisons des applications des sciences Mais le travail des mains, l'éducation des sens, on apprend cela à l'école primaire. L'enseignement du dessin actuel est absolument un enseignement manuel. Je pense d'ailleurs qu'il y en a peu ici dont les élèves entrent dans un atelier de travail manuel.

*Plusieurs voix.* — C'est une erreur.

M. CHEVET. — Les ateliers ne sont pas utiles dans tous les milieux, dans les milieux d'employés de commerce, par exemple. Si l'atelier devait exister, ce n'est pas au cours complémentaire, c'est plutôt au cours supérieur qu'il aurait sa plus grande utilité.

LE RAPPORTEUR. — Chez moi, 40 élèves vont à l'atelier. C'est un soulagement pour le maître de la classe, et cette innovation est très bien vue des familles.

LE PRÉSIDENT. — Estimez-vous qu'il y a lieu de donner satisfaction au vœu. Le rapporteur va vous en donner lecture.

LE RAPPORTEUR. — **Le Congrès émet le vœu que l'administration académique intervienne auprès des municipalités qui ont créé des Cours complémentaires pour qu'il soit installé des ateliers ou des champs d'expérience.**

J'estime qu'il ne faut pas attacher une trop grande importance à la question d'atelier. C'est une question d'espèces.

M. TOUREY. — Si nos élèves ne doivent pas nécessairement devenir des agriculteurs, des serruriers, des menuisiers, j'estime néanmoins que le travail manuel que tous feront à l'école pourra leur donner le goût de faire soit de l'agriculture, soit du travail manuel, et c'est cela qui est intéressant. Je vois dans cette initiative non pas une préparation au métier futur, mais un moyen de donner le goût du travail manuel et de relever les situations manuelles.

M CHEVET. — L'enseignement du travail manuel

demande beaucoup de temps et les programmes sont déjà très chargés. On nous dit souvent : mais vos élèves sont surmenés !...

*Une voix.* — Mais le travail manuel est plutôt un délassement !

M. CHEVET. — Pour que nous puissions faire de l'enseignement général et accorder à l'enseignement commercial la part qui lui revient, nous sommes obligés d'allonger les journées de travail. Comment fera-t-on pour donner l'enseignement d'initiation professionnelle ? Déjà nous ne laissons qu'un temps insignifiant pour aller déjeuner. J'estime que le travail manuel est une surcharge pour l'enfant.

M. LEBERT. — Vous avez affirmé que les cours complémentaires devraient être les écoles supérieures de la démocratie. Vous voulez rendre service à la classe ouvrière. Si vous n'estimez pas que l'enseignement du travail manuel entre dans la culture générale, vous avez tort. Pour que nos futurs ouvriers sachent se débrouiller dans le monde, il leur faut un enseignement général complet. Il faut donc initier les élèves au travail manuel, c'est absolument utile. Je demande que selon les régions il y ait, soit un atelier, soit un champ d'expériences.

*Plusieurs voix.* — Nous sommes tous d'accord.

LE PRÉSIDENT. — Je mets le vœu aux voix.

Adopté.

LE RAPPORTEUR. — J'en arrive enfin à ce qui est aujourd'hui le couronnement des Études complémentaires.

---

## Le Certificat d'Études Complémentaires

Là nous sommes en pleine fantaisie, j'allais dire en pleine incohérence.

Dans certains départements, c'est chose totalement inconnue. Dans d'autres, l'examen a lieu régulièrement tous les ans.

Ici, il se réduit à deux ou trois épreuves, au gré des inspecteurs primaires.

Là, il est très étendu ; les épreuves y sont difficiles. Ainsi, à Belfort, il y a quelques années encore, il y avait des épreuves orales assez complètes (histoire, géographie, allemand, algèbre, etc.).

Dans tel département, les éliminations sont nombreuses. Dans tel autre, elles sont inconnues.

En tout cas, le succès à cet examen a pour consécration l'inscription d'une simple mention dans un des coins du certificat d'études élémentaires.

C'est rapetisser singulièrement des études sérieuses, un labeur parfois opiniâtre que de remettre aux familles une attestation aussi médiocre dans la forme.

Il vous appartient, mes chers collègues, de vous entendre sur ce point particulier:

Y a-t-il lieu de maintenir l'examen du certificat d'études complémentaires et de le généraliser ?

Si oui, comment demanderons-nous qu'il soit organisé ?

Comment sera délivrée la preuve que cet examen a été subi avec succès ?

Si non, que désirez-vous, aux lieu et place du certificat d'études complémentaires ?

M. CHEVET. — Je suis opposé absolument à l'examen en lui-même. J'estime que sur tous les élèves de mon cours 50 o/o ne font qu'une année. Or ceux-là ne peuvent pas prétendre à passer un examen qui a lieu avant la fin de l'année, avant les révisions. Ils n'ont pas le développement intellectuel voulu pour traiter les questions. A ceux-là l'examen échappe complètement. Reste, il est vrai, la seconde moitié. Cet examen ne rend pas de services. Il arrive à se confondre avec le brevet ; il fait double emploi, il est inutile, je le combats.

M. GRAUX. — Je suis partisan du certificat complémentaire, quitte à lui donner un autre nom. J'y vois un avantage pour les études, en ce sens qu'il y a là un moyen d'émulation pour les élèves et qu'il montre que nous donnons un enseignement primaire supérieur. Pourquoi ne l'appellerait-on pas C. E. P. S. 1er degré ?

Je suis partisan d'un diplôme de fin d'études complémentaires mis en harmonie avec les études faites soit en première soit en deuxième année. .

M. SOUVERAIN. — Pour subir cet examen, il faut deux années d'études sérieuses. Nous avons beaucoup de parents qui consentent à laisser leurs enfants sur les bancs de l'école parce qu'il y a là un but. Ils savent la valeur du certificat, car, dans beaucoup de milieux, on le demande. Ce certificat dénote une culture plus grande et a une valeur plus grande que le certificat d'études primaires élémentaires. Je dis donc que le certificat complémentaire est nécessaire dans nos cours. Est-il possible de le faire passer au bout d'un an ? Cela me paraît insuffisant, sauf pour de très rares exceptions.

Maintenant, une autre objection relative au titre qu'on demande de donner ; certificat d'études supérieures premier degré. Je ne vois pas bien pourquoi on établirait.

deux degrés. Nous avons nos cours qui font des études complémentaires, nous savons que ce certificat est demandé. Nos élèves, dans les cours bien organisés, ont un but : le certificat d'études primaires supérieures. Chez nous ils ont en vue ce diplôme. Je ne vois donc pas bien pourquoi on demanderait un titre spécial.

M. MARIGOT. — En Seine-et-Marne, nous avons un cours où les élèves sont peu nombreux. Je pense qu'il a cependant déjà rendu beaucoup de services, mais je suis persuadé que la plupart des familles ne nous renverraient pas leurs enfants s'il n'y avait pas d'examen à la suite. Bien des fois, des parents sont venus confier leur enfant dans le but d'obtenir tout simplement le diplôme, estimé dans l'industrie et le commerce. Certainement le nombre des élèves serait de beaucoup inférieur à ce qu'il est et le recrutement plus pénible s'il n'y avait pas d'examen.

*Une voix.* — Cela dépend des milieux : dans mon département, cet examen n'a jamais existé et nous prospérons quand même.

M. GRAUX. — Le mot certificat d'études primaires supérieures premier degré n'est qu'un mot. Cela veut dire certificat d'études complémentaires ; mais c'est pour rapprocher le titre de l'examen final de nos cours de celui du titre délivré dans les écoles supérieures. Bien que nos cours ne soient que complémentaires, nous faisons par le fait un enseignement primaire supérieur. Pourquoi alors ne pas donner le titre de certificat d'études primaires supérieures premier degré ? Soyons logiques.

M. CHABANAIS. — Au bout de deux années d'études, je présente mes élèves au certificat d'études complémentaires. Ces élèves n'entrent au cours complémentaire proprement dit qu'après deux années de cours supérieur et qu'après avoir obtenu le certificat d'études. On les présente donc, en réalité, au certificat d'études complémentaires en fin d'études primaires supérieures.

M. CHEVET. — Il y a parmi nos élèves une diversité considérable. Il y en a qui restent un an, d'autres deux ans, d'autres trois ans. Il y a la même diversité dans l'organisation des cours. J'espère bien que vous allez donner à tous une consécration de fin d'études. Je vous demande alors trois certificats, puisque vous en voulez un pour ceux qui ne font qu'un an ! (*Violentes interruptions*).

M. BRUNET, du Lot. — Nous avons institué un examen chez nous ; nous le faisons passer aujourd'hui régulièrement et je puis donc dire si les résultats sont bons ou mauvais. D'abord, nos élèves nous restent beaucoup plus; la fréquentation est bien plus régulière, et nous les retenons facilement jusqu'à la fin de l'année, parce que l'examen est en juillet. Notre cours est bien suivi, tandis qu'avant, à partir de juin, presque tous les élèves s'en allaient. Je crois qu'il y a intérêt pour les études à le maintenir, là où il existe et à l'instituer là où il n'existe pas. Je demande le maintien du statu quo.

M. DERESMES, du Nord. — Je demande un examen et la régularisation de cet examen. Dans le département du Nord, les élèves des cours supérieurs et même des élèves d'écoles primaires qui n'ont pas de cours supérieur régulier, mais qui ont quelques élèves assez forts, sont autorisés à présenter leurs élèves au certificat d'études complémentaires.

*Une voix.* — Ce n'est pas légal.

M. DERESMES. — C'est ce qui prouve qu'il est nécessaire de faire une réglementation.

*Une voix.* — La loi dit : les élèves qui ont suivi le cours complémentaire.

M. HOULDINGER. — Est-ce un acheminement, est-ce un couronnement des études, que cet examen ? Ce doit être un couronnement, le couronnement des études faites dans un cours complémentaire. Quelles seront ces études? Ce seront des études faites d'après un programme bien déterminé.

Je reviens sur une question que nous venons de traiter un peu hâtivement. Tout à l'heure, quand je vous demandais un programme maximum pour le cours complémentaire, qui devait être celui des écoles supérieures, modifié et adapté aux besoins locaux, j'avais la pensée de venir défendre ces programmes au point de vue de l'assimilation. Car il est bien certain qu'on ne manquera pas de nous dire : vous n'avez pas les mêmes programmes, donc vous ne pouvez pas avoir l'assimilation.

L'administration est bien disposée actuellement ; le moment est bien choisi pour demander cette assimilation que nous désirons tous. Mais il faut une assimilation complète. Si nous demandons un moyen terme, quel qu'il soit, nous ne l'aurons pas supérieur à ce que nous demanderons, et si nous le demandons inférieur, nous n'aurons rien.

Par conséquent, dans ces conditions, j'aurais désiré que tout à l'heure on ne passât pas si vite à l'ordre du jour et qu'on acceptât le programme des cours complémentaires, modifié selon les besoins locaux.

Ce programme, nous le soumettrons à l'inspection académique ; et il pourrait, par conséquent, avoir une sanction, parce que l'inspecteur d'académie saura sur quoi doit porter l'examen.

Quel nom donner au diplôme ? Eh bien ! si notre programme est celui des écoles primaires supérieures, il faut bien que le titre que nous demandons ait aussi quelque chose des écoles primaires supérieures. Je verrais un très grand avantage à ce qu'il fût appelé certificat de l'enseignement primaire supérieur premier degré. Il serait la sanction de nos études primaires supérieures, faites sur les programmes dont je vous parlais, soumis à l'approbation de l'inspecteur d'académie.

Je demande donc deux choses : 1° le programme dès écoles primaires supérieures, modifié selon les besoins locaux ; 2° une sanction.

*Une voix.* — Mais tout cela a été voté.

M. HOULDINGER. — L'examen sera adapté à ces programmes. Alors il n'y a pas d'inconvénient à ce qu'on l'appelle certificat primaire supérieur (premier degré).

M. PAYOT. — J'appartiens à un département où il n'a pas été présenté d'élèves au certificat complémentaire. Sans parti pris sur cette question, je suis cependant opposé à l'organisation d'un examen nouveau. Je demande à être rassuré et à rassurer mes collègues, et à qui est confié le soin de cet examen ?

LE RAPPORTEUR. — L'inspecteur primaire fixe les épreuves et les textes.

M. PAYOT. — J'y vois un danger. Nous nous trouvons dans des circonstances particulières. Les inspecteurs ont souvent la tendance a adapter les examens à leurs idées et non aux besoins des élèves. On le constate souvent au certificat d'études.

LE RAPPORTEUR. — Y a t-il lieu de maintenir et de généraliser l'examen du certificat d'études complémentaires ? Voyons d'abord ce point.

*Réponses nombreuses.* — Oui.

... Puisque ce certificat, tel qu'on vient de le maintenir, va être le couronnement des études du programme minimum, que ce programme doit être vu dans une année, quand présentera t-on l'élève ? il faut les présenter au bout d'une année.

M. CHAUDRON. — Mais il y a des élèves qui ne peuvent pas le subir. Est-ce un mal que ces élèves redoublent leur année d'études, pour que les matières puissent mieux leur rester dans l'esprit? Je ne vois pas de mal à les présenter au bout de deux années.

En redoublant, beaucoup d'élèves y gagneront en qualités intellectuelles et même en qualités morales et leur temps ne sera pas perdu.

M. SOUVERAIN. — J'ai dit que c'était une exception de voir un élève de première année subir cet examen, au bout de sa première année. Nos études se superposent ; nous donnons à nos élèves de deux ans un peu plus de développement. A ceux-là le certificat est accessible.

Nous sommes presque tous d'accord qu'on donne à cet examen un nom ou un autre, cela m'est égal, mais qu'on donne un certificat spécial et que le programme de cet examen soit celui des cours complémentaires.

M. HOULDINGER. — Vous demandez que les cours complémentaires prospèrent, et voilà que vous vous plaignez de ne pas pouvoir présenter les élèves au bout d'un an. Tant mieux donc ! Ce sera là une source de recrutement.

LE RAPPORTEUR. — Le Congrès émet-il le vœu que le certificat soit maintenu ?

LE PRÉSIDENT. — Je mets le vœu aux voix.
Adopté.

LE RAPPORTEUR.— Etes-vous maintenant d'avis que les épreuves soient uniformes pour un même département et choisies par l'inspecteur d'académie?

M. AYMARD. — L'examen n'existe pas partout, donc le mot « maintenu » n'est pas suffisant, il faut dire : soit maintenu et généralisé. Ajoutons : Les épreuves seront uniformes pour un même département et choisies par l'inspecteur d'académie. Elles seront la sanction du programme minimum. Il sera délivré un diplôme spécial portant la désignation : Certificat d'études primaires supérieures premier degré.

M. CHEVET. — Mais comment choisir ces épreuves uniformes pour tout le département, puisqu'il y a des écoles qui n'ont ni la même organisation, ni les mêmes programmes ?
Je critique l'expression « par département ».

LE PRÉSIDENT. — Nous sommes à peu près tous d'accord. Nous allons mettre aux voix si personne ne demande plus la parole.

M. SOUVERAIN. — Il faudrait: Ne doivent être admis à subir l'examen que les élèves ayant suivi les cours complémentaires.

Dans le département de la Somme, l'inspecteur autorise des écoles primaires à présenter leurs élèves à cet examen.

LE PRÉSIDENT. — Je mets aux voix le texte du Rapporteur. Je le prie de vous en donner lecture avec les modifications convenues.

LE RAPPORTEUR. — Voici le vœu en son entier :

Le Congrès émet le vœu ;

Que l'examen actuellement désigné sous le nom de certificat d'études complémentaires soit maintenu et généralisé ;

Que les épreuves soient uniformes pour un même département et choisies par l'inspecteur d'académie ;

Qu'elles soient la sanction du programme minimum, qu'il soit délivré un diplôme spécial, portant la désignation : Certificat d'études primaires supérieures (premier degré).

LE PRÉSIDENT. — Le vœu est adopté et la séance est levée.

---

# TROISIÈME SÉANCE

LE PRÉSIDENT. — La séance est ouverte. L'ordre du jour appelle la suite de la discussion relative au certificat d'études primaires supérieures, premier degré. La parole est au rapporteur.

LE RAPPORTEUR. — Voici le texte proposé : « Seuls les élèves des cours complémentaires pourront prendre part à ces examens ».

*Une voix.* — C'est illégal.

LE RAPPORTEUR. — On pourrait ajouter : « Et ceux des écoles primaires supérieures ». Mais je pense que nous n'avons pas à nous occuper des écoles primaires supérieures.

M. CHEVET. — Je demande qu'on ajoute : Que seuls les élèves des cours complémentaires *publics* pourront prendre part à cet examen, ainsi que les élèvss des écoles supérieures.

LE RAPPORTEUR. — « Les centres d'examen seront fixés par centre d'inspecteur primaire ».

M. CHEVET. — Je désire ajouter cet amendement : « Le maître chargé du cours, quand la Commission se réunit, assiste à la discussion ». Ce maître peut en tirer énormément de profit. Je voudrais voir aussi la Commission choisie de préférence parmi les maîtres chargés des cours complémentaires des autres circonscriptions.

M. CANVILLE. — Chez nous, les déplacements nous sont payés. On prend des instituteurs de la circonscription même. Le département vote des allocations pour payer les instituteurs appelés comme examinateurs. J'estime qu'il faut ajouter au vœu : « pourvus du brevet supérieur ». Cela éviterait de s'adresser aux circonscriptions voisines.

M. SOUVERAIN. — Dans cet examen particulier aux cours complémentaires, il est bon d'avoir des hommes compétents. Pour assurer le bon fonctionnement des examens, comme pour en garantir la valeur, je voudrais qu'un maître du cours fît partie de droit du jury, de la commission.

Je n'irai pas jusqu'à demander la présence du directeur du cours complémentaire. Point de suspicion !

Je veux laisser à tous liberté complète d'appréciation des élèves. D'ailleurs ce certificat n'aura de valeur qu'autant que nous le donnerons en dehors de toute critique. Je crois que la présence d'un maître de cours complémentaire chargé de cours ou directeur est nécessaire.

LE PRÉSIDENT. — Nous pourrions faire pour les cours complémentaires ce qu'on fait pour les écoles primaires supérieures. Le directeur et les professeurs font partie des commissions d'examen, dans l'établissement même, dans l'école même.

M. CHEVET. — Il y a là un abus que nous ne devons pas imiter.

M. AYMARD. — Ce qui enlève maintenant toute valeur au certificat d'études supérieures, c'est la façon dont il se passe. Il n'est pas acquis, il est donné. (*Protestations*).

Si vous faites passer l'examen devant une commission composée du directeur du cours complémentaire, de professeurs du cours ou d'instituteurs voisins, c'est-à-dire, en famille, votre diplôme ne sera pas pris au sérieux.

Si vous voulez qu'il serve à quelque chose, à l'élève qui le possédera, exigez de la commission toutes les qualités d'impartialité et de compétence désirables, faites-y figurer le directeur du cours, le maître chargé du cours, les collègues des circonscriptions voisines, soit ; mais faites un examen sérieux pour que le diplôme représente une réelle valeur intellectuelle.

LE RAPPORTEUR. — Nous sommes d'accord.

*Une voix.* — Ce qu'on fait pour les E. P.-S. est maintenant une vraie comédie !

M. CHEVET. — Si l'on envisage la question des examens, moi j'envisage la question des maîtres. Un maître qui assiste à la correction, qui prend part à la discussion, en tire énormément de profit pour lui-même.

M. LÉCORCHÉ. — Vous voulez que ces examens soient réservés aux seuls élèves des cours complémentaires ? Il faut préciser ce point. La question n'a pas été mise aux voix. Elle a été acceptée de consentement mutuel. Alors le diplôme que nous instituons est un diplôme spécial ; il sera donc le seul réservé à une sorte de chapelle ! Considérez toús les diplômes : ils sont accessibles à tous.

LE RAPPORTEUR. — Je relis la proposition.

**« Les seuls élèves des établissements d'enseignement primaire supérieur public pourront subir cet examen. »**

M. LÉCORCHÉ. — Tous les diplômes sont accessibles à tous les élèves. Je n'en connais pas qui soient fermés. Nous, nous fermons la porte.

*Une voix.* — Le diplôme de fin d'études secondaires est bien réservé aux seules élèves de cet enseignement officiel.

LE PRÉSIDENT. — Notre collègue voudrait voir cet examen ouvert aux établissements privés, à tout le monde.

M. LÉCORCHÉ. — C'est ma pensée. Il ne faut pas, à mon point de vue, nous confiner dans un petit cercle. Nous semblons délibérément écarter des élèves qui peuvent venir de l'enseignement primaire. Un collègue a un excellent élève, qui n'a pas pu faire des études dans un établissement supérieur, un garçon intelligent qui a pu être poussé très loin, vous l'empêcherez de participer à cet examen ?

Quand je n'avais pas encore de cours complémentaire, il m'est arrivé de présenter des élèves au certificat d'études primaires supérieures. J'en avais le droit ; vous me direz: c'est un cas spécial, mais il peut s'en trouver d'identiques. Vous fermez la porte à une élite.

Or ce n'est pas nous qui instituons, ce sont les pouvoirs publics. A mon sens, cet examen doit être accessible à tout le monde. Si l'on ferme la porte à ceux qui ne sont pas de chez nous, c'est un abus.

Alors qu'on l'appelle diplôme de fin d'études complémentaires, ce titre indiquera que c'est le diplôme qu'on donne à ceux qui ont fait des études dans un établissement complémentaire. Le diplôme de fin d'études secondaires n'empêche pas de se présenter aux autres examens; mais il y a ce fait que les seules élèves qui peuvent s'y présenter sont celles qui ont suivi les études dans un collège ou lycée de l'Etat. Le diplôme de fin d'études se comprendra donc parfaitement.

**LE RAPPORTEUR.** — Le diplôme que nous demandons sera la sanction des études faites dans un cours complémentaire, établi sur le programme minimum que nous avons indiqué. Il ne faut pas revenir sur les décisions déjà prises.

**M. LÉCORCHÉ.** — Je demande qu'on ne ferme pas la porte à ceux qui ne sont pas de chez nous. Du moment que c'est un diplôme, il doit être accessible à tous ceux qui sont capables de le passer.

**M. GRAUX.** — Il est regrettable que notre collègue n'ait pas parlé hier. Je me serais rallié à sa proposition, mais j'ai des raisons qui me font m'opposer à l'acceptation de tous les élèves à cet examen. Voici pourquoi. Si tous les élèves, quelle que soit leur origine, peuvent s'y présenter, les établissements privés vont y envoyer leurs élèves en grand nombre. Or je prends un cas. En face de chez moi, il y a un établissement qui a 450 élèves, dont 300 recrutés parmi des élèves venus de Paris. Si l'examen est accessible à tous, l'établissement en question va présenter 50 élèves qu'il n'a pas formés. Il en aura une quarantaine de reçus, moi j'en aurai 12 ou 15. Et alors les journaux de l'opposition diront : voyez les succès de l'établissement privé !

Le cours complémentaire disparaîtra, car il n'a pas la faveur du Conseil municipal.

J'appelle l'attention du Congrès sur ce point très délicat.

Je m'oppose à ce que des élèves autres que ceux qui ont suivi nos cours puissent passer cet examen, tel qu'il a été institué hier.

**LE RAPPORTEUR.** — Actuellement, seuls les élèves des cours complémentaires sont admis à cet examen.

*Une voix.* — Non ! on en admet d'autres !

**M. SOUVERAIN.** — Nous perdons beaucoup de temps pour des gens qui n'en valent pas la peine. Tous ces établissements congréganistes plus ou moins déguisés ont des examens qui leur sont propres, auxquels ils donnent les mêmes titres qu'aux nôtres et où l'on remet des diplômes plus grands et beaucoup plus beaux que les nôtres, même avec de beaux encadrements dorés. Laissons-leur leurs examens et gardons les nôtres.

**M. AYMARD.** — Je voudrais ajouter quelque chose. Un examen n'a de valeur que lorsqu'il est largement accessible. Quelle valeur ont les diplômes de l'enseignement privé ? Aucune. Ils ne servent à rien, ce sont des certificats de complaisance, et tout le monde les considère comme tels.

Vous voulez appeler votre diplôme certificat d'études supérieures premier degré. Je vous ferai observer que le certificat supérieur est bien donné par une commission qui siège à l'école primaire supérieure, mais qu'il est un examen public. Les écoles supérieures parisiennes Arago, Colbert, etc., donnent le diplôme à leurs élèves ; mais nous, cours complémentaires, nous allons à Paris, rue Mabillon et nous y passons un examen. Ce certificat d'études supérieures conserve donc son caractère de sanction d'études vraiment complètes.

Il ne faut pas s'engager dans une thèse contraire à l'équité. Rien n'empêche les élèves de l'enseignement libre de se présenter au brevet, au baccalauréat. Au nom de quel principe les empêcher de se présenter au certificat premier degré ? Qui vous y autorise ?

Je vous en prie, dans cette question, apportons du bon sens et non un aveugle parti-pris.

M. GRAUX. — Au point de vue général, je suis de votre avis, mais il y a la lutte, qui fait fléchir les principes.

M. AYMARD. — Je répète que, en pareille matière, il faut apporter beaucoup de bon sens et pas de passion.

M. SOUVERAIN. — Il n'y a qu'à laisser ce qui est dans la loi, ce qui est inscrit dans les décrets.

LE RAPPORTEUR. — Art. 3, arrêté du 25 janvier 1895 : « ... Les élèves pourront demander à subir sur les matières enseignées dans ce cours... » On ne parle que des élèves des cours complémentaires.

M. AYMARD. — Depuis quand un arrêté est-il une loi ? Ensuite le mot « pourront »...

LE RAPPORTEUR. — L'arrêté vient en application de la loi.

M. LACLEF, inspecteur. — Ce diplôme n'est qu'une mention d'études.

M. AYMARD. — Tenez, justement, M. Laclef me fournit un argument. Il me dit que cet examen permet simplement de donner une mention d'études complémentaires. Nous demandons la création d'un diplôme nouveau...

*Voix diverses.* — La clôture !

LE PRÉSIDENT. — Etes-vous d'avis de voter la clôture ? La clôture mise aux voix est prononcée.

LE RAPPORTEUR. — « 1° Seuls les élèves des établissements d'enseignement primaire supérieur public seront admis à subir cet examen. »

Adopté.

« 2° Les centres d'examen seront fixés par circonscription d'inspection primaire...

« S'il en existe plusieurs, le centre sera choisi en tenant compte des moyens de communication. »

Adopté.

3° « La commission, présidée par l'inspecteur primaire, comprendra au moins un directeur ou une directrice de cours complémentaire et un maître chargé du cours complémentaire. Les autres examinateurs seront de préférence choisis parmi les maîtres chargés de cours. »

M. PAYOT. — Dans tout mon département, il n'y a qu'un cours complémentaire de deux ans. Par conséquent vous ne pourrez pas toujours choisir ceux-là ?

M. X., de l'Orne. — Nous en avons un à Laigle, l'autre à Ranes, à vingt lieues de distance ! Alors ?

M. CHEVET. — On pourrait réunir les deux parties en une seule :

« La commission, présidée par l'Inspecteur primaire, comprendra au moins un directeur ou une directrice de cours complémentaire. Les autres examinateurs seront de préférence choisis parmi les maîtres chargés de cours. »

Adopté.

LE RAPPORTEUR. — 4° Un carnet scolaire pourra être consulté par la commission d'examen chaque fois qu'elle le jugera utile.

Adopté.

J'en ai fini, mes chers collègues, avec le résumé des rapports qui m'ont été adressés de tous les points de notre territoire.

J'aurais été heureux d'en recevoir davantage encore. Il y a encore des indifférents parmi nous. Il paraît même qu'il y en aura toujours. Nous tâcherons cependant que le nombre en soit de plus en plus restreint.

Pour nous, qui n'avons pas un seul instant hésité à faire cause commune pour le plus grand bien de nos élèves et de notre Association, nous resterons fidèlement groupés autour du drapeau qu'a arboré notre ami Guérin, et nous travaillerons sans relâche à relever le prestige de nos cours complémentaires menacés et à sauvegarder les intérêts de l'éducation populaire. (*Applaudissements*).

LE PRÉSIDENT. — Je viens de recevoir de M. Braibant un mot que voici :

« *Je rentre des Ardennes pour être des vôtres demain.* » (*Applaudissements*).

## Commission des Programmes

LE RAPPORTEUR. — Nous avons décidé d'établir un programme minimum. Je demande qu'aujourd'hui, en conclusion, nous nommions une commission chargée d'établir et de soumettre ce programme aux autorités compétentes.

M. SOUVERAIN. — Avant de choisir, je demanderais qu'on fît intervenir des maîtres placés à la tête d'écoles ayant des cours et des maîtres chargés de cours. Le programme établi doit être un programme général.

LE RAPPORTEUR. — Il est question d'un programme général, en effet. Combien y aura-t-il de membres ?

LE PRÉSIDENT. — Je mets le chiffre 8 aux voix. Adopté.

M. PAYOT. — Je demande que la commission soit constituée sur le programme minimum. Donnez-lui un délai de trois mois ou plus pour qu'elle statue en connaissance de cause. Les intérêts de toute la France sont très divers, et il faut tenir compte de cette diversité.

M. BRUNET. — Je demande également que les membres de cette commission soient aussi rapprochés que possible pour se réunir facilement.

LE PRÉSIDENT. — Nous allons prendre des candidats d'un cours complémentaire d'un an, d'un cours de deux ans, d'un cours de plus de deux ans.

Il est nécessaire que toutes les variétés de cours soient représentées.

M. de PUYTORAC. — Je pense qu'il y aurait quelque intérêt à faire entrer dans la commission un instituteur de Paris. Je me permets d'attirer votre attention sur M. Lemoine, directeur d'école et d'une des écoles les plus importantes de France.

LE PRÉSIDENT. — Je donne la liste des noms proposés : MM. *Chaudron*, de Tournan, cours d'un an ; *Vincent*, d'Argenteuil, cours de deux ans ; *Aymard*, cours de Saint-Denis, un an ; *Chevet*, de Saint-Germain ; Mᵐᵉ *Lavigne*, cours de trois ans à Noisy-le-Sec ; MM. *Lemoine* et *de Puytorac*, de Paris ; Mˡˡᵉ *Cacheux*, de Pontoise.

Adopté.

M. CHABANAIS. — Avant d'aborder le morceau de

résistance, notre programme de vœux et de revendications, je crois devoir retenir votre attention sur un point qui figure au questionnaire. Il s'agit des congés des cours complémentaires. Je ne sais quel régime vous est appliqué, mais dans le département de la Charente, que j'habite, nous ne jouissons que des congés accordés aux écoles primaires. Je demande à formuler un vœu : c'est que les congés applicables aux écoles primaires supérieures le soient également aux cours complémentaires.

M. BRUNET. — Nous allons tout à l'heure invoquer un aphorisme : à travail égal, salaire égal. Je vous demande d'appliquer cet aphorisme en en modifiant la forme : à travail égal, repos égal.

M. SOUVERAIN. — Je ne suis pas ennemi des congés, seulement la proposition de notre collègue est impossible à réaliser, en ce sens que nous sommes à la tête d'écoles primaires élémentaires. Nous avons la direction d'une école de deux, trois ou quatre classes et nous sommes chargés du cours complémentaire. Alors pendant que ses adjoints travailleront, lui, le directeur, va se la couler douce !

M. VINCENT. — Comment faire dans nos écoles où il y a dix classes ? Renvoyer les élèves du cours complémentaire et garder les autres ? C'est une drôle de situation.

M. LAVIE. — Je trouve qu'on nous paie trop en congés. Dans le milieu où je suis, en face d'écoles libres qui ont l'habileté d'en prendre moins que nous, nous sommes très mal placés vis-à-vis de ces vacances perpétuelles. Qu'on nous donne plus d'espèces et moins de congés !

M. BÉNEZET, du Gard. — Je suis vraiment surpris des théories que je viens de voir développer. J'en suis presque navré. Je déclare que dans le Gard, les cours complémentaires ont congé comme dans les lycées et collèges.

Chez nous, on applique la formule : à travail égal repos égal. Ni les journalistes, ni la population ne réclament contre cet usage. L'année dernière, aux vacances de Pâques, nous avons eu quinze jours comme les lycées et les collèges. Cette année, le lycée n'a eu que onze jours de congé ; nous n'avons eu, nous aussi, que onze jours. A la Pentecôte, nous avons eu, comme eux, le dimanche, le lundi, le mardi et le mercredi. J'ajoute même que le samedi qui précède la fête de la Pentecôte, il y a le congé de l'Amicale. Pour tous les autres congés, nous faisons le pont.

*Une voix.* — C'est le pont du Gard !

M. BÉNEZET. — Nous prenons depuis la veille de Noël jusqu'au jour de l'an. On me demande de préciser ce que font les autres classes élémentaires pendant ce temps. Je réponds : les classes primaires travaillent. Dans l'école où je suis, il y a onze classes : les cinq classes du cours complémentaire ont vacances et les six autres travaillent.

M. AYMARD. — Je félicite nos collègues du Gard, qui ont réussi à avoir du soleil toute l'année et des congés près de la moitié du temps. Ils ont résolu ainsi un problème difficile !

*Voix diverses.* — C'est un tour de force ! C'est un travail de Romain !

M. AYMARD. — Quant à voir dans un même établissement les classes primaires travailler et les deux ou trois classes du cours complémentaire partir allègrement, ce n'est pas possible.

M. BÉNEZET. — Cela se fait.

M. AYMARD. — En tout cas, dans la Seine, ce n'est pas possible. Soyons prudents, soyons raisonnables, sans cela nous n'obtiendrons rien. Au moment où nous demandons une augmentation de traitement, n'exigeons pas une diminution de travail. (*Applaudissements*).

LE PRÉSIDENT. — La question est tranchée. Nous passons à l'ordre du jour, qui appelle l'examen de la seconde question et la discussion du rapport de M. Houldinger. La parole est au rapporteur.

LE RAPPORTEUR. — Avant de lire mon rapport, permettez-moi de vous en donner une analyse sommaire, afin de vous montrer comment j'ai compris la question.

Je n'ai pas pu la diviser en tranches suivant un vœu exprimé, car son argumentation vaut par son unité, tout en ayant sa valeur par le détail.

Ce n'est qu'après avoir exposé mon argumentation totale que je pourrai vous donner lecture des considérants, suivis des vœux au nombre de sept.

Comment a été fait ce rapport, et dans quel esprit ? La question était tellement neuve pour moi, qu'il me paraissait difficile de trouver des idées directrices. Il m'est tombé sous les yeux un texte du 29 octobre 1881 ; c'était un rapport de Jules Ferry au président de la République ; j'y ai trouvé des arguments très précis en faveur de nos cours complémentaires. Une citation de M. Steeg, rapporteur de la loi du 30 octobre 1886, m'a ensuite donné des arguments aussi précieux en faveur des maîtres.

L'idée m'est venue immédiatement d'associer intimement les deux choses : les cours complémentaires et leur prospérité à la situation des maîtres.

La question n'a donc pas uniquement pour but l'assimilation quant au traitement des maîtres, mais aussi quant à l'organisation de l'enseignement dans les C. C. et les E. P. S. Si l'enseignement vaut par le maître, le maître vaut également par son enseignement et par la situation qu'on lui donne *(Applaudissements)*.

Ensuite j'ai cherché mes arguments dans les textes de lois. Certains d'entre eux manquent de précision ; il y a peut-être avantage à cela. Nous pouvons, en effet, profiter de ce peu de clarté, de certaines divergences même, pour mettre en relief, avec les précisions que contiennent nombre de documents, la justesse de nos revendications.

J'ai trouvé, en lisant une foule de décrets, d'arrêtés et de circulaires, des textes on ne peut plus précis sur le principe d'égalité des cours complémentaires et des écoles primaires supérieures, qu'a voulu affirmer Jules Ferry, et j'ai la conviction qu'il est impossible d'admettre que nos cours complémentaires ne sont pas des écoles primaires supérieures d'un autre nom.

Après avoir trouvé ces textes précis sur les cours, j'ai trouvé des textes non moins intéressants concernant les maîtres.

Je me suis alors posé cette question : comment se fait-il que nos cours souffrent d'une sorte de disgrâce et que nous, nous restons des oubliés ? Cela tient, je crois, à deux causes principales. Notre ami Vincent nous a parlé de la circulaire du 7 septembre 1895. Nous y reviendrons tout à l'heure. Je la considère un peu comme un « père fouettard » et aussi comme un « papa gâteau », car après nous avoir frappés, elle nous relève et nous prodigue des caresses qui ont leur prix.

J'ai donc examiné les deux principales causes de cette défaveur : d'abord la modification du décret du 18 janvier 1887, puis cette circulaire qui n'admet pas que nous suivions le programme de l'école primaire supérieure. Il en est une troisième : on a créé le professorat pour avoir un personnel spécial dans les E. P. S. Au début, ce personnel a été insuffisant. On a fait appel aux instituteurs ; on les a délégués, d'abord à terme indéfini, puis pour un an, pour reverser ensuite dans l'enseignement primaire ceux qui n'avaient pas obtenu, dans un délai fixé, le titre de professeur. Et quand on constate de nouveau une insuffisance numérique dans le personnel de l'enseignement primaire supérieur, on s'aperçoit qu'on a besoin de nous, on entr'ouve une porte, mais avec précaution !

Cette porte, je la voudrais grande ouverte à tous les instituteurs des cours complémentaires.

J'ai été, enfin, amené à la conclusion aussi logique qu'irréfutable que voici : c'est simplement faire acte d'équité que d'assimiler les instituteurs des cours complémentaires aux instituteurs délégués dans les écoles primaires supérieures. (*Applaudissements*).

---

## Rapport sur la deuxième question
## Traitement du Personnel
## des Cours Complémentaires

Quand il s'est agi d'organiser l'enseignement primaire supérieur en France, le Ministre d'alors, Jules Ferry, s'exprimait ainsi dans son rapport du 29 octobre 1881 au Président de la République :

« L'enseignement nouveau que le projet de loi de 1878,
« resté sans suite, avait pour but de constituer, n'en a pas
« moins pris naissance, tant il répondait à l'attente publi-
« que et à de réelles nécessités.

« Mais au lieu de se conformer à un type uniforme et
« préconçu, il s'est prêté à la diversité des situations qui
« l'avaient fait éclore : ici, c'est un grand établissement
« municipal ou départemental ; là, c'est à peine une classe
« distincte de l'école ordinaire. Tantôt, il offre à des fils,
« à des filles de cultivateurs ou d'artisans un utile com-
« plément d'études générales, avec un commencement
« d'études spéciales, c'est-à-dire d'apprentissage ; tantôt il
« conduit ses élèves aux écoles d'arts et métiers ; tantôt il
« prépare ou il conserve à notre corps enseignant des
« recrues précieuses dans les années de transition qui
« séparent la sortie de l'école élémentaire de l'entrée à
« l'École Normale.

« A travers tant d'aspects divers, on peut, cependant,
« dès à présent, discerner les traits généraux qui caracté-
« risent et définissent l'enseignement nouveau dans
« l'esprit des populations qui le recherchent avec un si
« louable empressement.

« D'une part, on veut qu'il reste primaire, d'autre part,
« on veut qu'il soit professionnel...

« Qu'il reste primaire : c'est là la première indication
« qui se dégage de l'expérience. Si haut et si loin qu'il
« doive aller, il est bon qu'il s'appuie toujours sur l'école
« populaire. S'il affectait de s'en séparer par ses program-
« mes, par le choix des maîtres, par le recrutement des
« élèves, par le ton général des études, par le niveau des
« examens, il perdrait le meilleur de sa substance et
« n'aurait plus de raison d'être...

« Aussi les écoles primaires supérieures qui existent ou
« qui naissent aujourd'hui se sont organisées de manière
« à former le large couronnement d'une éducation pri-
« maire menée à bien.

« C'est à l'enseignement primaire qu'elles demandent
« une élite de maitres et une élite d'élèves, comme c'est
« aux méthodes primaires qu'elles empruntent l'esprit de
« leurs programmes qui est d'affirmer le savoir plus en-
« core que de l'étendre, de l'approfondir et non de le
« disperser, et de donner à l'esprit une trempe forte
« plutôt qu'un brillant vernis.

« Mais en même temps, les écoles primaires supérieures
« tendent à revêtir le caractère d'écoles professionnelles.

« Les élèves de l'école primaire supérieure sont quelque
« chose de plus que des écoliers : ce seraient des apprentis
« dispersés dans les ateliers si l'école, pour les retenir, ne
« se transformait elle même, dans une certaine mesure,
« en atelier.

« De là vient qu'aucune de nos écoles primaires supé-
« rieures n'a pu s'enfermer exclusivement dans les études
« proprement dites ; elles ont dû s'associer aux légitimes
« préoccupations des familles et répartir leur temps, ce
« temps pris sur la durée ordinaire de l'apprentissage, de
« telle sorte que l'enfant, bien loin d'être retardé ou déso-
« rienté au sortir de l'école, se trouve en état d'entrer de
« plain-pied dans la carrière du travail avec des ressources
« et des facilités nouvelles.

« De là aussi l'impossibilité de les réduire toutes à un
« type unique : elles doivent, pour trouver le succès,
« s'adapter, dans toute la partie professionnelle, aux cir-
« constances et aux nécessités locales ; elles sont tenues
« d'acheminer leurs élèves non pas théoriquement vers
« toutes les professions, mais positivement vers celles
« auxquelles les prédestine le milieu natal. C'est à ce prix
« que nos écoles primaires supérieures conserveront et
« verront croître de jour en jour la juste popularité qui les
« entoure.

« L'enseignement primaire ne sera plus désormais un
« accident de courte durée dans la vie de l'homme de
« labeur. Après avoir reçu l'enfant dès le plus jeune âge,
« utilisé ses instants, éveillé ses facultés, développé son
« intelligence, cultivé son âme, il s'imposera le devoir de
« le suivre jusqu'à l'entrée de la vie pratique.

« Naguère, sans consécration au lendemain de la sortie
« de l'école, l'enseignement primaire ne menait à rien ; il
« mène à tout aujourd'hui par le nouvel enseignement
« complémentaire professionnel.

« Pour achever l'organisation de l'enseignement pri-
« mäire supérieur, un seul point reste à règler, et c'est
« l'objet du décret que j'ai l'honneur, Monsieur le Prési-
« dent, de soumettre à votre signature. Quels seront les
« traitements, quelle sera la situation du personnel ensei-
« gnant attaché à ces établissements ?

« Aujourd'hui que l'enseignement primaire supérieur
« est légalement réuni à l'enseignement primaire public,
« on ne peut plus laisser ce personnel dans une situation
« indécise et à la merci des fluctuations du budget com-
« munal. »

Lors du vote de la loi du 30 octobre 1886, le Rapporteur
de la Commission à la Chambre des Députés, M. Steeg,
s'exprimait ainsi :

« L'enseignement primaire supérieur reçoit pour la
« première fois la place qui lui revient légitimement.
« Prévu par la loi de 1833, condamné et étouffé dans son
« germe par la loi de 1850, il a été organisé par le gou-
« vernement de la République dans une série de décrets
« et arrêtés de 1881 et 1882, auxquels votre loi apporte
« une consécration définitive.

« Elle lui conserve le caractère de l'enseignement pri-
« maire qui est sa véritable raison d'être, mais elle en fait
« le couronnement de cet enseignement par la situation
« qu'elle donne à ses maîtres, le mode spécial de nomi-
« nation qu'elle leur accorde, le diplôme élevé qu'elle
« leur impose, et qui les met aux rangs des professeurs
« des écoles normales ; même les maîtres-adjoints y sont
« soumis à de plus hautes exigences que les directeurs
« des écoles primaires. Il y a lieu d'espérer que ces
« diverses dispositions contribueront à donner à l'enseigne-
« ment primaire supérieur l'importance capitale qu'il doit
« acquérir dans notre démocratie. »

Est-ce que ces extraits ne revêtent pas un caractère
frappant d'actualité, en ce moment [illegible] l'on sent de toutes
parts ce malaise qu'on définit vag[illegible] « crise d'apprentissage », qui préoccupe à juste t[illegible] pouvoirs publics
et que les cours complémentair[es] [illegible]dement organisés
peuvent, sans aucon doute, plu[illegible] [illegible]tre que les écoles
primaires supérieures, aider à so[illegible]onner?

En effet, les cours complémentaires, qui sont « des
« classes d'enseignement primaire supérieur annexées aux
« écoles primaires élémentaires », sont de ce fait à la
portée de toutes les familles ; ils sont surtout, d'ores et
déjà, les écoles primaires supérieures de la classe ouvrière,
de toute cette démocratie peu aisée qui renferme les
sources et les forces vives de la nation ; aussi sont-ils les

classes d'enseignement primaire supérieur de beaucoup les plus populeuses.

En outre, nul établissement ne peut, mieux que le cours complémentaire, « se prêter à la diversité des situa-« tions ; s'appuyer toujours sur l'école populaire et par « ses programmes, et par le choix des maîtres, et par le « recrutement des élèves ; retenir à l'école de nombreux « élèves qui seraient des apprentis dispersés dans les ate-« liers ; s'adapter aux circonstances locales, pour achemi-« ner les enfants vers les professions auxquelles les pré-« destine le milieu natal ; après avoir reçu l'enfant dès le « jeune âge, s'imposer le devoir de le suivre jusqu'à « l'entrée de la vie pratique et le mettre en état d'entrer « de plain-pied dans la carrière du travail avec des res-« sources et des facilités nouvelles. »

Depuis bientôt trente ans, les cours complémentaires rendent incontestablement de précieux services ; appelés par la force des choses à un développement considérable, à une progression forcée, ils doivent demain en rendre de plus grands, de plus importants encore.

Pour cela et pour répondre en même temps au but que déjà se propose le législateur concernant l'enseignement professionnel des adultes, ils ont besoin, comme les E. P. S. « avec une élite d'élèves, d'une élite de maîtres », qui puissent, par leur culture intellectuelle, leurs aptitudes professionnelles, leur expérience et leur autorité morale, « affirmer le savoir des élèves, l'approfondir et donner à l'esprit une trempe forte. »

Comme elles autrefois, ils ont besoin que « ces maîtres ne restent pas dans une situation à la fois inférieure et indécise », inférieure à celle de leurs collègues des E. P. S.; indécise parce qu'ils perdent, en quittant les C. C., les 200 francs que la loi leur accordait.

Comme pour les E. P. S. enfin, il est indispensable qu'on fasse de l'enseignement des cours complémentaires le couronnement « de l'enseignement primaire par la « situation qu'on donnera à ses maîtres, par le mode spé-« cial de nomination qu'on leur accordera, par les titres « qu'on leur imposera. »

C'est pourquoi nous reprenons ces magistrales raisons d'ordre général invoquées autrefois et par le grand minis-tre d'alors et par le père de notre ministre actuel ; nous les faisons nôtres pour obtenir qu'on rende à nos cours complémentaires la place que les organisateurs de l'ensei-gnement primaire supérieur leur avait assignée; qu'ils ont d'ailleurs conservée de fait, sinon entièrement de droit.

Le premier de ces organisateurs, J. Ferry, a en effet

nettement affirmé le principe d'égalité des C. C. et des E. P. S. dans l'article 1er du décret organique du 15 janvier 1881 :

« Les établissements publics d'enseignement primaire « supérieur sont rangés dans deux catégories :

« Les écoles d'un an annexées à l'école élémentaire et « qui prennent le nom de cours complémentaires ;

« Les écoles primaires supérieures proprement dites, « ayant un personnel distinct et comprenant au moins « deux années d'études. »

Il insistait dans l'article 2.

« Les encouragements accordés aux cours complémen- « taires et aux écoles primaires supérieures consisteront « en : 1° Concessions de bourses ; 2° Concessions de « matériel d'enseignement ; 3° Subventions pour dépenses « du personnel. »

Ce principe d'égalité a été respecté dans la suite :

La loi du 30 octobre 1886 place, elle aussi, les C. C. au rang des E. P. S. L'article 1er de cette loi porte :

« L'enseignement primaire est donné :

« 1° Dans les écoles maternelles et les classes enfan- tines ;

« 2° Dans les écoles primaires élémentaires ;

« 3° Dans les écoles primaires supérieures et dans les « classes d'enseignement primaire supérieur annexées aux « écoles élémentaires et dites « cours complémentaires. »

Le décret organique du 18 janvier 1887, modifié par les décrets du 21 janvier 1893 et du 26 juillet 1909, précise encore, en l'accentuant, la similitude des deux types d'établissements.

Art. 30. — « L'instruction primaire supérieure est « donnée :

« 1° Dans les écoles primaires supérieures ;

« 2° Dans les classes d'enseignement supérieur dites « cours complémentaires. »

Art. 36 § 2. — « Dans toutes les autres écoles primaires « supérieures (celles de deux ans) ainsi que dans les cours « complémentaires, il pourra être créé par le Ministre de « l'Instruction publique des cours accessoires ayant pour « objet la préparation professionnelle des élèves qui se « destinent à l'agriculture, à l'industrie ou au commerce.

Art. 36. — « Aucun élève ne peut être reçu soit dans « une école primaire supérieure, soit dans un cours com- « plémentaire, s'il ne possède le certificat d'études pri- « maires élémentaires et s'il ne justifie avoir suivi pendant « un an au moins le cours supérieur d'une école primaire « élémentaire. »

Art. 39 § 2. — « Les écoles primaires supérieures et les

« cours complémentaires doivent avoir un atelier où
« puisse être donné l'enseignement du travail manuel. »
Art. 40. — « Il peut être alloué dans la limite des
« crédits ouverts au budget du Ministère de l'I. P. :
« 1° Des concessions de matériel d'enseignement aux
« écoles primaires supérieures et aux cours complémen-
« taires.
« 2° Des bourses de l'État aux élèves de ces écoles et de
« ces cours, aux conditions énoncées dans la section III
« du présent chapitre. »
Enfin, la loi du 18 juillet 1889, modifiée par celle du
25 juillet 1893, ajoute à tout cela :
Art. 5. — « Il ne pourra être créé aucun établissement
« d'enseignement primaire supérieur, école ou cours
« complémentaire si un crédit spécial n'a été préalable-
« ment inscrit à cet effet dans la loi de finances. »
Art. 48. — « Il est statué par des règlements d'adminis-
« tration publique rendus après avis du Conseil supérieur
« de l'I. P.; sur les conditions dans lesquelles une indem-
« nité annuelle non soumise à retenue sera attribuée aux
« fonctionnaires pourvus du C. A. P. des E. N. et des
« E. P. S. qui seraient chargés dans les écoles primaires
« supérieures ou dans les cours complémentaires de l'en-
« seignement industriel ou commercial, par arrêté du
« Ministre de l'I. P. »
Les maîtres des C. C., directeurs et adjoints, ont, eux
aussi, été traités sur le pied d'égalité avec leurs ex-collè-
gues des E. P. S.
L'article 5 du décret du 15 janvier 1881 favorisait même
les directeurs des C. C., car il prévoyait une allocation de
300 francs, pouvant s'élever à 600 francs, à titre de supplément de traitement, soumis à retenue, au directeur de
l'école, à laquelle était annexé un C. C.
L'art. 5 du décret du 29 octobre 1881 supprimait cette
allocation et établissait ainsi, pour la première fois, l'égalité des traitements pour les directeurs des deux types
d'établissement.
« Les directeurs et adjoints des E. P. S. et les directeurs
« des C. C. d'un an reçoivent, en outre des traitements
« minima fixés par l'article 1er, un traitement éventuel
« soumis à retenue et calculé d'après le nombre des
« élèves qui fréquentent l'E. P. S. ou le C. C. »
L'art. 9 de la loi du 19 juillet 1889 favorise de nouveau
le personnel des C. C. en accordant aux maîtres chargés
de ces cours un supplément spécial de 200 francs, leur
assurant ainsi, pour toutes les classes, un traitement
supérieur de 100 francs à celui des instituteurs des E. P. S.
Il faut ajouter, toutefois, que l'art. 52 de la loi du

22 avril 1905 fait acte de justice en accordant les mêmes traitements à ces deux catégories de fonctionnaires.

Quant à l'article 32 du décret organique du 18 janvier 1887, modifié par le décret du 21 janvier 1893, il nous traite en frères jumeaux en ces termes précis :

« Les conditions d'âge et de titres imposées par l'art. 24
« § 3, de la loi du 30 octobre 1886 aux instituteurs-adjoints
« des E. P. S., sont également requises des instituteurs-
« adjoints des C. C. »

Aussi, sommes-nous en droit de nous demander d'où vient cette sorte de défaveur qui pèse sur nos C. C. et sur les maîtres qui en sont chargés.

Serait-ce parce que le décret organique du 18 janvier 1887 prescrivant, art. 30 : « La durée des études dans les cours complémentaires est de deux ans au maximum » a été modifié, six ans plus tard, par le décret du 21 janvier 1893, qui ramène à un an la durée des études dans lesdits cours ?

Serait-ce aussi parce que l'arrêté du 25 janvier 1895 stipule :

Art. 1er. — « Il n'est pas établi de programme pour les
« cours complémentaires. »

Art. 2. — « L'enseignement dans les C. C. aura pour
« objet la révision et le complément des matières du
« cours supérieur des écoles primaires élémentaires ; tou-
« tefois les maîtres et maîtresses sont autorisés à faire aux
« programmes des E. P. S. principalement à ceux de pre-
« mière année, les emprunts qui seraient jugés particuliè-
« rement utiles aux élèves qui suivent le cours complé-
« mentaire. »

Il suffit, pour se convaincre, de lire la circulaire minis-
térielle du 7 septembre 1895, qui s'appuie à tort sur la loi du 19 juillet 1889 (1) pour enlever, d'un trait de plume, aux C. C. les boursiers d'Etat que la loi consent toujours à leur accorder :

§ 2 « La loi du 19 juillet 1889 et le décret du 21 jan-
« vier 1893 ont fixé à un an seulement la durée des
« études dans les C. C. ; les boursiers ne sauraient donc,
« de toute façon, y passer qu'une année.

« Mais cette première année d'études elle-même portera
« de bien meilleurs fruits, pour les boursiers dans les
« E. P. S. que dans les C. C. En effet, les programmes des
« cours ne sont pas les mêmes que ceux des E. P. S.
« Ceux-ci sont déterminés par le décret du 21 janvier 1893,

(1) Cette loi porte, en effet : les Ecoles primaires supérieures et les Cours complémentaires cesseront d'être entretenus par l'Etat si l'effectif de l'Ecole primaire supérieure, pendant trois années consécutives, s'est abaissé au-dessous de quinze élèves
par année d'études et celui du Cours complémentaire au-dessous de douze élèves par
année d'études.

« les autres sont laissés à l'initiative de chaque directeur
« ou directrice.

« Les dits cours ont pour objet principal la révision et
« le complément des matières d'enseignement des écoles
« primaires élémentaires, avec quelques emprunts faits
« aux programmes des E. P. S. Ainsi le C. C. est une
« annexe, un complément de l'école primaire.

« Inférieur à l'E. P. S. au point de vue des programmes,
« il l'est aussi sous le rapport de l'installation matérielle,
« des collections, des appareils, des ateliers. Enfin, il ne
« possède pas un personnel enseignant muni, comme
« celui des E. P. S., de diplômes spéciaux. »

A cela, nous répondrons :

Sur nos 958 C. C., il y en a 267 de deux ans; 18 de trois
ans, 2 de plus de trois ans, tous officiellement créés, et
auxquels il convient d'ajouter environ 300 cours d'un an,
qui sont en réalité de deux années et par le nombre des
élèves et par l'enseignement que les enfants y reçoivent ;
c'est donc un total de 585 C. C. qui sont de véritables
E. P. S. de deux ans ou de plein exercice.

L'arrêté organique du 18 janvier 1887, a prescrit, art. 24,
l'établissement de « programmes pour les E. P. S. et les
C. C. » Ils figurent à l'annexe G dudit arrêté. (Ils ont été
modifiés par le décret du 21 janvier 1893, puis par celui du
26 juillet 1909).

Or, ce n'est pas seulement la partie, insuffisante à notre
sens, réservée dans ces programmes aux C. C. qu'on a
suivie jusqu'ici dans ces derniers ; on a toujours appliqué,
dans la grande majorité de ces cours, et on continue à y
suivre aujourd'hui, en les modifiant légèrement, les programmes des E. P. S. fixés par les décrets et arrêtés des
21 janvier 1893 et 26 juillet 1909.

D'un autre côté, si nos C. C. sont inférieurs « sous le
rapport de l'installation matérielle, des collections, des
appareils, des ateliers », cela ne nous paraît tenir qu'au
manque de générosité à l'égard de ces cours qui, d'après
la loi (décret du 21 janvier 1893, art. 40) doivent bénéficier.
au même titre que les E. P. S., de « concessions de matériel d'enseignement. »

Et d'ailleurs, dans ces conditions d'infériorité, les
maîtres des C. C. n'en ont que beaucoup plus de mérite
de suivre les mêmes programmes que leurs collègues des
E. P. S., de préparer aux mêmes examens, d'obtenir les
mêmes résultats, et cela, avec des instruments de travail
moins parfaits, avec des élèves de forces différentes,
généralement de deux divisions auxquelles il faut appro-
prier le travail, avec une population scolaire plus nom-

breuse et moins choisie, puisqu'elle ne se recrute plus par voie de concours.

Enfin, nous prendrons notre dernier mot dans cette même circulaire ministérielle du 7 septembre 1895 qui, après nous avoir accablés, nous relève mieux que nous ne pourrions le faire nous-mêmes.

« La population scolaire des C. C. qui était, en 1890, de 13.360 élèves, s'est élevée en 1891 à 14.301, et en 1892 à 15.731. En 1893, malgré la réduction à un an de la durée des études dans ces cours, mesure qui semblait devoir réduire considérablement le nombre des élèves, ce nombre s'est maintenu à 15.276 et il est monté, en 1894, à 16.894, preuve frappante que la faveur publique continue de s'attacher à ces établissements.

« Ils répondent en effet aux besoins et aux vœux les plus légitimes des familles qui, tout en voulant compléter l'instruction primaire de leurs enfants, n'ont pas dans leur voisinage une E. P. S. ou reculent devant les sacrifices que leur imposerait la durée des études dans ces écoles. Aussi, mon administration, pénétrée de la haute utilité des C. C., ne cessera-t-elle de leur marquer son intérêt et de créer, chaque année, sur nos propositions, des cours nouveaux ou de nouveaux emplois dans les cours existants. » (Poincaré).

Cette appréciation officielle se passe de commentaires.

N'y aurait-il pas encore une autre cause de cette défaveur que nous tenons pour imméritée, et ne proviendrait-elle pas de ce que les pouvoirs publics ont cessé d'apercevoir derrière la haute façade des E. P. S. que décore le professorat, la modeste silhouette de nos C. C. ?

Depuis 1886, en effet, les circulaires ministérielles s'occupent uniquement des instituteurs-adjoints des E.P.S. C'est du moins ce que nous constatons en examinant les étapes de la transformation de la délégation provisoire dans les fonctions de professeur des E. P. S. en une nomination définitivement établie par la loi du 8 avril 1910.

Avant le 30 octobre 1886, le personnel des E. P. S. comprenait des instituteurs-adjoints dont la situation fut réglée par les dispositions transitoires du décret organique de 1887 (1) art. 192) et par la création du professorat restreint.

La circulaire du 30 novembre 1886 établit une distinction entre la nomination ou la délégation « à terme indéfini » par le préfet des instituteurs-adjoints des E. P. S.

La circulaire du 1er septembre 1887 décide que ces délégations ne seront jamais faites que pour un an.

---

(1) Il fallait 30 ans d'âge et 10 ans d'exercice pour être nommé à titre définitif.

Celle du 15 avril 1891 rappelle aux instituteurs-adjoints nommés ou délégués par le préfet postérieurement à la promulgation de la loi du 30 octobre 1886, non seulement qu'ils ont à se munir du professorat, mais encore que l'obtention de ce titre est la condition sine qua non de leur maintien indéfini dans leurs fonctions.

Circulaire plus impérative encore, celle du 31 juillet 1895, qui enjoignait aux inspecteurs d'Académie d'avoir à se préoccuper, dans leur prochain mouvement d'ensemble du personnel, de réserver des emplois aux instituteurs adjoints délégués des E. P. S. qui n'auraient pas obtenu le certificat de professeur à la session de juillet.

Le vif émoi jeté ainsi parmi le personnel se traduit aussitôt par une requête à l'autorité compétente. Celle-ci établit alors (2 mars 1896) une distinction (analogue à celle du 15 avril 1891) entre les maîtres délégués avant la loi du 15 juillet 1889 et ceux qui l'ont été après cette loi. Elle accorde aux premiers une nomination définitive s'ils comptent au 1er janvier 1896 au moins 30 ans et s'ils sont, en outre, l'objet de notes favorables.

Les seconds viennent d'obtenir de l'administration les mesures bienveillantes de 1910 :

« Il n'y a pas de durée fixée pour la délégation avant la titularisation comme adjoints des E. P. S.

« Les demandes de titularisation n'ont besoin d'être appuyées d'aucune pièce. La titularisation est subordonnée aux seules notes d'inspection. »

Il nous reste à examiner quels arguments on pourrait invoquer pour nous refuser la titularisation ou le traitement de nos anciens condisciples d'école normale.

Les instituteurs-adjoints qui enseignent dans les E.P.S. ont d'autres titres que le B. S. et le C. A. P. :

a) Ils ont été admissibles soit aux examens du professorat, soit aux concours de Saint-Cloud ou de Fontenay ;

b) Ils peuvent produire un certificat d'aptitude spécial de travail manuel, dessin, agriculture, chant ou gymnastique ;

c) Ils reçoivent aujourd'hui la récompense du labeur acharné qu'ils ont fourni 3 ou 4 années durant pour préparer des examens.

Nous ne contestons ni leur valeur, ni leurs diplômes, bien que certains d'entre eux ne se trouvent dans aucun des deux cas précités en (a). Nous nous contentons de faire remarquer que les délégués des E. P. S. ont vingt heures seulement par semaine d'enseignement spécialisé, alors que nous fournissons un minimum de trente heures d'enseignement général, lettres et sciences : que, pour cette raison et d'autres encore, « la délégation rend plus aisé, plus méthodique et plus fructueux le travail personnel (circulaire ministérielle du 2 mars 1896). »

Nous ajoutons aussi que les maîtres des C. C. né demandent pas mieux que de se charger de certains enseignements accessoires, confiés souvent à de soi-disant professeurs, pour la plupart sans aucun titre. Délégués provisoirement pour l'un ou l'autre de ces divers enseignements, ces maîtres auraient à cœur de conquérir le plus tôt possible le diplôme correspondant à la matière qu'ils enseigneraient.

Et si l'on parle de récompense, laquelle n'accordera-t-on pas aux instituteurs-adjoints des C. C. qui, à la tête de classes chargées et d'élèves et de divisions, avec une installation matérielle plus ou moins défectueuse, ont su, pendant de longues années, suffire seuls à tout et à tous et remplir leur tâche accablante à la satisfaction de tous ?

N'est-il pas permis de supposer que, placés dans des circonstances plus favorables au travail personnel, ou fonctionnaires moins consciencieux, ces maîtres seraient parvenus à se créer une situation meilleure en faisant passer leur intérêt personnel avant celui de l'école ?

Aussi, pour les multiples raisons que nous avons exposées dans ce rapport, sommes-nous très à l'aise pour affirmer hautement qu'assimiler les instituteurs des C. C. aux instituteurs des E. P. S. serait simplement faire acte d'équité.

Considérant alors :

Que les Cours Complémentaires sont les « classes d'en« seignement primaire supérieur qui répondent aux « besoins et aux vœux les plus légitimes des familles » ; qu'ils sont les véritables E. P. S. de la démocratie sans fortune et des populations rurales, et, de ce fait, les classes primaires supérieures les plus populeuses et celles dont la fréquentation s'accroît le plus d'année en année ;

Qu'ils rendent les mêmes services que les E. P. S. avec un minimum de dépenses pour les familles et pour l'Etat, et qu'appelés à un développement considérable, ils doivent, dans l'avenir, jouer un rôle plus important encore ;

Que leur enseignement doit, lui aussi « être le couron« nement de l'enseignement primaire élémentaire », non seulement par son essence même. mais aussi et surtout « par la situation qu'on donnera à ses maîtres, par le « mode spécial de nomination qu'on leur accordera, par « l'aptitude professionnelle et par les titres qu'on exigera « d'eux » ;

Que les Cours Complémentaires n'ont jamais cessé, quant à leur organisation, d'être assimilés par le législateur aux E. P. S., et que d'ailleurs, pendant 5 ans, de 1905 à 1910, les instituteurs de ces deux types d'établissements ont eu les mêmes indemnités et joui des mêmes traitements soumis à retenue ;

Considérant d'autre part :

Que les maîtres chargés des C. C. ont la même origine que les instituteurs des E. P. S., qu'ils sont pourvus des mêmes titres et remplissent les mêmes conditions d'âge, qu'ils suivent les mêmes programmes, et préparent aux mêmes examens avec le même succès, qu'ils fournissent un travail toujours plus pénible que celui de leurs collègues délégués ;

Que les directeurs et directrices de C. C. déchargés de classe assument une très lourde responsabilité du fait qu'ils ont à diriger un établissement important, et que leurs grands élèves forment une catégorie à part dans l'école primaire élémentaire ; qu'ils ont donc à assurer à la fois la bonne marche des études dans cette dernière et les résultats de l'enseignement primaire supérieur dans le cours annexé ; que, pour ces raisons, ils méritent d'être traités au moins sur le pied d'égalité avec leurs collaborateurs qu'ils dirigent et conseillent ;

Qu'enfin les enseignements accessoires sont fréquemment confiés à des personnes inexpérimentées et non titrées ;

Les membres de l'Association nationale des Cours Complémentaires réunis en Congrès à Paris, les 18 et 19 avril 1911, émettent les vœux suivants :

1° Que les Cours Complémentaires soient l'objet de la même surveillance et des mêmes encouragements que les écoles primaires supérieures ; que les boursiers de l'Etat soient toujours réservés aux seuls établissements publics d'enseignement primaire supérieur, écoles et cours, devrait-on n'accorder aux élèves de ceux-ci que des quarts, des cinquièmes et même des sixièmes de bourses familiales ou d'entretien ;

2° Que les directeurs, directrices, instituteurs, institutrices des Cours Complémentaires soient assimilés aux instituteurs délégués dans les écoles primaires supérieures, qu'ils puissent, comme eux, être titularisés sous les mêmes conditions et dans les mêmes formes ;

3° Qu'il soit établi un classement unique des instituteurs des E. P. S. et des C. C., que tous jouissent des traitements établis par la loi du 8 avril 1910, que le personnel adjoint puisse exercer indistinctement dans une E. P. S. ou dans un C. C. ou être appelé, à titre d'avancement, à la direction d'une école primaire élémentaire à laquelle est annexé un C. C. ;

4° Que les maîtres des Cours Complémentaires ayant au moins 30 ans d'âge et 3 ans d'exercice dans l'enseignement primaire supérieur au 1er janvier 1911, ainsi que les directeurs et directrices de ces cours, sans conditions d'âge et de stage, soient titularisés comme l'ont été en 1896 les instituteurs délégués des écoles primaires supérieures.

5° Que ceux d'entre eux qui sont pourvus du professorat ou de la licence soient traités comme leurs collègues des E. P. S.;

6° Qu'en cas de suppression ou de transformation d'un C. C., la situation acquise des maîtres des emplois supprimés ou transformés soit respectée; que leur traitement garanti leur reste acquis où qu'ils soient pourvus de postes équivalents dans un autre C. C. ou dans une E. P. S.; que les instituteurs-adjoints d'un C. C. transformé soient attachés de droit à l'E. P. S. nouvellement créée, en qualité de professeurs ou d'instituteurs, suivant les diplômes possédés par chacun d'eux ; que, d'autre part, le directeur dudit cours puisse, s'il en fait la demande, être délégué dans les fonctions de directeur de l'E. P. S. nouvelle pour lui permettre de régulariser sa situation ;

7° Que les enseignements accessoires soient toujours confiés à des instituteurs ou à des institutrices aux lieu et place des professeurs non pourvus de titres.

## Répercussion financière

Il nous reste à examiner quelle serait la répercussion financière de l'assimilation que nous sollicitons.

Il existe actuellement en France 956 C. C., 671 d'un an, 267 de 2 ans, 18 de 3 ans et 2 de 4 et 5 ans, avec un personnel de 1.260 maîtres chargés de cours, auxquels il convient d'ajouter un maximum de 300 directeurs ou directrices déchargés de cours.

L'assimilation étant déjà amorcée en raison des 200 fr. alloués aux 1.260 premiers à titre de supplément, il suffirait donc d'augmenter leur traitement actuel de 200 francs au fur et à mesure des titularisations.

Cela exigerait une première somme de 252.000 francs.

Les 300 directeurs ou directrices ne recevant aucune allocation, il serait nécessaire de leur accorder à chacun 400 francs, ce qui entraînerait un supplément de dépense de 120.000 francs.

Le total de l'effort financier serait donc de 372.000 francs.

Toutefois nous sommes persuadés que la dépense maximum serait assez loin d'atteindre le total indiqué ci-dessus.

Il est en effet raisonnable que tout instituteur fasse un certain stage avant d'être titularisé dans son emploi, car tel, qui semblait tout désigné par ses connaissances pour enseigner dans un C. C. et qui n'a pu y réussir par manque de savoir-faire ou d'autorité, devra être reversé dans l'enseignement primaire élémentaire.

Nous estimons que les instituteurs en stage formeraient environ le dixième du personnel chargé des cours. Dans ces conditions le maximum de la dépense à prévoir ne s'élèverait plus qu'à 347.000 francs.

En signalant cette réforme à nos chefs et aux pouvoirs publics, nous avons sans doute le souci, bien légitime, de voir améliorer notre situation, mais aussi celui d'attirer l'attention du public et celle du personnel enseignant primaire tout entier sur les C. C.

Il va de soi que l'assimilation que nous demandons attirera vers ces cours l'élite des instituteurs. Les C. C. ne pourront qu'y gagner et continuer de plus en plus à « s'attacher par leur haute utilité la faveur publique » que la circulaire ministérielle de 1895 se plaisait déjà à leur reconnaître.

Le Rapporteur : A. HOULDINGER.

LE RAPPORTEUR. — Je tiens à remercier, en terminant, M. Chopin, des Ardennes, qui m'a fourni de précieux documents sur l'historique de la délégation, puis de la nomination à titre définitif dans les écoles primaires supérieures, ce qui, à cet égard, a facilité ma tâche et simplifié mon travail de recherches.

LE PRÉSIDENT. — Avant d'aborder la discussion en détail du remarquable rapport que nous venons d'entendre et auquel vous avez accordé d'avance votre approbation par vos chaleureux applaudissements, je demande si vous avez quelques observations à présenter.

M. AYMARD. — Ne pourrions-nous pas ajouter que nous avons non seulement trente heures d'enseignement par semaine, mais aussi le service intérieur à assurer, tandis que dans les écoles primaires supérieures, il y a des surveillants?

LE RAPPORTEUR. — L'arrêté ministériel stipule que les maîtres des écoles primaires supérieures doivent fournir vingt heures d'enseignement, plus cinq heures de surveillance.

Nous ne pouvons donc faire intervenir que nos heures d'enseignement.

M. AYMARD. — Nous en fournissons plus qu'eux.

LE RAPPORTEUR. — Les mots « *travail plus pénible* » disent tout.

M. SOUVERAIN. — En présence d'un exposé si clair, si lumineux, je demande que ce rapport soit imprimé et distribué à tous les directeurs de C. C.

**LE PRÉSIDENT.** — Il sera imprimé in-extenso dans le compte-rendu du Congrès.

**M. SOUVERAIN.** — Il est bien certain que nous sommes tous d'accord sur ce point que la rétribution accordée aux maîtres des C. C. est dérisoire. Nous avons à proposer deux moyens de remédier à cet état de choses : 1º L'assimilation des C. C. aux E. P. S. ; 2º Une subvention spéciale et plus rémunératrice aux maîtres des C. C. Nous resterions ainsi dans le cadre d'enseignement de notre département d'origine, ce qui est appréciable, car beaucoup d'entre nous sont mariés avec des institutrices, qui ne se déplaceraient pas sans inconvénients. Il y a des idées qui militent en faveur du maintien du statu quo. On conserverait le même mode de rétribution : le supplément, mais avec augmentations successives, jusqu'à un maximum de 700 ou 800 francs, par exemple.

Dès l'origine, la subvention serait doublée et portée à 400 francs ; l'augmentation serait de 200 francs tous les 3 ou 4 ans.

C'est un moyen sur lequel j'appelle votre attention.

Je ne conclus pas. Je soumets ces propositions à votre examen, car je sens ici deux courants très nets.

**LE PRÉSIDENT.** — Personne ne demandant la parole, passons à la discussion des vœux.

**LE RAPPORTEUR.** — 1º **Que les cours complémentaires soient l'objet de la même surveillance et des mêmes encouragements que les écoles primaires supérieures ; que les boursiers de l'Etat soient toujours réservés aux seuls établissements publics d'enseignement primaire supérieur, écoles et cours, devrait-on n'accorder aux élèves de ceux-ci que des quarts, des cinquièmes et même des sixièmes de bourse.**

**M. AYMARD.** — Je parcourais l'autre jour la liste des boursiers de mon département d'origine, la Haute-Vienne. Je n'y ai trouvé aucune bourse entière, j'y ai vu accorder seulement des moitiés et des quarts de bourses. Eh bien ! il y a peu de familles capables de supporter les frais qu'entraînerait pour elles l'acceptation d'une fraction de bourse. Il faut de plus en plus donner des bourses entières. C'est le seul moyen de permettre aux familles pauvres d'élever leurs enfants et de leur donner une bonne instruction à peu de frais.

Je ne dis pas, qu'au point de vue des bourses familiales dont nous avons parlé hier, donner des quarts et des moitiés de bourses soit dérisoire, parce qu'il y a là un appoint qui vient aider la famille ; mais pour les bourses dé l'Etat, il ne faut pas dispenser les faveurs aux gens aisés, et seuls peuvent profiter d'un quart ou d'une demi-bourse ceux qui jouissent déjà d'une certaine aisance.

M. PAYOT. — Nous sommes totalement en désaccord et je crois qu'une équivoque pèse sur la question. S'il ne peut pas être question d'obtenir, ni du département ni de la commune, des secours pour les cours complémentaires, nous pourrons être aidés par l'Etat. Appelez ce secours du nom que vous voudrez, cela ne me fait rien ; mais nous nous contenterions d'un chiffre très modeste. Si vous parlez de bourses entières, de demi-bourses, les bons élèves iront aux écoles primaires supérieures et ne nous viendront pas.

Ceux qui peuvent faire les dépenses complémentaires des fractions de bourse vont souvent aux écoles primaires snpérieures ; mais il reste les autres, ceux qui ne peuvent venir chez nous que 1, 2 ou 3 ans au plus, dont les familles font de modestes sacrifices ; qui viennent de la petite ville ou des communes voisines, apportant leur panier. Pour ceux-là, c'est une dépense lourde que fait la famille. Il faut leur obtenir au moins les fournitures classiques. Il faut leur donner un secours, ne serait-ce que vingt ou vingt-cinq francs.

M. AYMARD. — C'est un secours, ce n'est pas une bourse.

M. PAYOT. — Appelez cela comme vous le voudrez, instituez quelque chose de nouveau, je ne tiens pas au mot ; mais je tiens beaucoup à la chose. Mes collègues m'ont donné mandat d'insister sur ce point auprès du Congrès. Il y a tant de situations critiques !

M. BERNARD. — Je crois qu'il est inutile de spécifier la fin du paragraphe. Les hommes politiques et l'administration départagent et se chargent de fractionner et même beaucoup plus qu'on ne le désire, les bourses d'Etat et les bourses départementales. Il arrive parfois qu'on ne donne que 50 francs par an et cela, cependant, rend service. Aux élèves qui viennent de la campagne, cette allocation paie leur parcours et leurs fournitures. On leur ajoute quelque chose l'année suivante. Allez, les hommes politiques se chargent assez du fractionnement. Point n'est besoin d'en faire état dans nos vœux.

M. PAYOT. — J'ai oublié quelque chose à propos des bourses. Il y a des inconvénients à demander des bourses plutôt que des secours : le secours n'exige pas d'examen préalable.

Il faut favoriser le recrutement de nos cours, c'est pour

nous une grosse question. Nous avons une clientèle qui ne peut pas aller aux écoles primaires supérieures, gardons-la.

M. BERNARD. — La question des secours est résolue ainsi dans mon département : l'élève nécessiteux s'adresse à son conseil municipal et, dans beaucoup de cas, il obtient satisfaction.

LE PRÉSIDENT. — Messieurs, je crois que nous nous égarons inutilement dans les détails. Savoir comment seront réparties les bourses est secondaire. Il faut d'abord en avoir, ensuite la répartition sera faite par ceux qui seront désignés à cet effet. Demandons l'argent, le reste s'arrangera. Occupons-nous de la question de droit, tout d'abord.

LE RAPPORTEUR. — Sera-ce un secours ou une bourse ? Si c'est un secours, il n'est pas besoin de s'occuper de la question, elle a été traitée hier. Seront-ce des bourses ? Oui, c'est bien le mot *bourses* que j'ai voulu employer. On donne rarement des bourses entières ; il est utile de spécifier qu'on les fractionnera. Nous pourrons ainsi rendre service à trois ou quatre familles au lieu d'une et faire le bien plus grand autour de nous.

M. AYMARD. — C'est inexact.

LE RAPPORTEUR. — Je vois ce qui se passe dans notre région. Et d'ailleurs nous ne savons pas si cet élève auquel on attribue une bourse sera brillant. Si on fractionne, on aura le choix entre plusieurs élèves et plus de chances de trouver un sujet qui réussisse, et qui pourra plus tard obtenir une bourse entière.

Enfin autre argument, je le tire d'une conversation au Ministère : « Des bourses ! On ne vous en donnera « jamais ! On les réserve aux écoles primaires supérieures. « Je vous accorde que certaines écoles supérieures sont « parfois des poussières d'écoles primaires supérieures ; « elles ne valent pas bon nombre de cours complémen-« taires ; mais elles auront tout de même des boursiers et « vous n'en aurez pas. »

UN DÉLÉGUÉ. — Nous ne demandons pas tous des bourses entières. Nous nous contenterons d'avoir des fractions de bourses, qui favoriseraient le recrutement de nos cours. En donnant quatre fractions, nous aurons quatre élèves au lieu d'un. Pour que cela n'effraie pas trop les pouvoirs publics, je demanderais des fractions et j'estime que l'on pourrait aller jusqu'au dixième. (*Approbation générale*).

M. AYMARD. — Il ne faut pas descendre plus bas que

le quart. Nous ne parlons ici, bien entendu, que des bourses d'internat.

Pour les bourses familiales, nous pouvons descendre à des fractions plus petites. Quand, pour des bourses d'internat, vous donnez un quart ou moitié de la bourse entière, vous venez en aide à des gens qui peuvent, avec leurs seules ressources, payer la pension, dans la majorité des cas.

LE RAPPORTEUR. — Cela n'est au contraire que l'exception.

M. AYMARD. — Vous demandez qu'on vous donne des cinquièmes ou des sixièmes de bourse. Mais on a déjà une tendance trop marquée à n'accorder que des secours dérisoires. Il ne faut pas trop fractionner et il est dangereux d'inviter le gouvernement à le faire.

M. JACQUIER. — Je défends la conclusion de notre rapporteur.

La bourse entière ne suffit pas. La mère, le père peuvent vous dire : Mais j'ai besoin du travail de mon enfant ! La bourse ne peut pas toujours donner satisfaction si la famille est très pauvre, j'en ai vu des exemples. Fractionnez les bourses ; les bénéficiaires de ces fractions n'iront pas à la ville ; ils resteront au cours complémentaire, où les dépenses extra-scolaires sont à peu près nulles.

*Aux voix ! Aux voix ! La clôture !*

LE PRÉSIDENT. — Je mets aux voix la clôture.
Elle est prononcée.

LE RAPPORTEUR. — Voici le texte : « Devrait-on n'accorder aux élèves de ceux-ci que des quarts, des cinquièmes et même des sixièmes de bourse. »

M. SOUVERAIN. — Il est bien entendu que cette division des bourses ne s'applique qu'aux bourses familiales ou d'entretien.

LE RAPPORTEUR relit le vœu auquel il a ajouté les mots « familiales ou d'entretien. »
Adopté. La séance est levée.

## SÉANCE DU SOIR

LE PRÉSIDENT. — Nous reprenons la suite de la discussion des vœux. La parole est au rapporteur.

LE RAPPORTEUR. — 2° Que les directeurs et les directrices, les instituteurs des cours complémentaires soient assimilés aux instituteurs délégués dans les écoles primaires supérieures, qu'ils puissent, comme eux, être titularisés sous les mêmes conditions et dans les mêmes formes.

Adopté.

3° Qu'il soit établi un classement unique des instituteurs des écoles primaires supérieures et des cours complémentaires ; que tous jouissent du traitement établi par la loi du 8 avril 1910 ; que le personnel adjoint puisse exercer indistinctement soit dans une école primaire supérieure, soit dans un cours complémentaire, ou être appelé, à titre d'avancement, à la direction d'une école primaire élémentaire à laquelle est annexé un cours complémentaire.

Adopté.

4° Que les maîtres des cours complémentaires ayant au moins trente ans d'âge et trois ans d'exercice dans l'enseignement primaire supérieur, au 1er janvier 1911, ainsi que les directeurs et directrices de ces cours, sans conditions d'âge et de stage, soient titularisés, comme l'ont été, en 1896, les instituteurs délégués des E. P. S.

LE RAPPORTEUR. — Il fallait trente ans d'âge et des notes d'inspection favorables. Nous avons là un précédent que nous pourrons invoquer pour obtenir la prise en considération de notre 4e vœu.

M. ROUX. — Je veux vous faire part d'une situation particulière au département de l'Isère. Sur trente cours complémentaires, vingt au moins, annexés à des écoles primaires, ont des directeurs ou des directrices qui n'ont pas le brevet supérieur. On y a placé des adjoints sans nomination régulière. Ils ont une lettre de l'inspecteur, les priant de prendre provisoirement la direction du cours complémentaire et de s'y charger de l'enseignement.

Je voudrais que le Congrès émît un vœu pour que leur situation fût régularisée et qu'ils aient un arrêté de nomination préfectorale.

La situation peut se présenter de cette façon dans une école, je cite un exemple, j'en pourrais prendre dix. Dans une école, c'est une adjointe qui est chargée du cours complémentaire. La directrice approche de la retraite. Il pourra arriver qu'elle soit remplacée par une autre pourvue du brevet supérieur. Que fera-t-on de la maîtresse adjointe qui enseigne dans le cours depuis 2, 3, 4, 5 ans ?

LE PRÉSIDENT. — Le rapporteur va vous donner satisfaction.

M. ROUX. — Il peut arriver aussi ce cas que le directeur où la directrice s'en aille pour raisons de convenances personnelles, et que le nouveau directeur demande qu'on lui donne le cours. On le lui donnera, et alors ?

LE RAPPORTEUR. — Satisfaction vous sera donnée.

LE PRÉSIDENT. — Je crois qu'il serait bon de ne pas envisager les cas particuliers. Il n'est pas de bonne tactique d'introduire des questions particulières dans les discussions générales. Les cas particuliers seront soumis au bureau.

M. DE PUYTIRAC. — A Paris, depuis cette année, il a été décidé qu'il y aurait une nomination régulière pour les maîtres des cours complémentaires.

M. JACQUIER. — La question de nomination prime tout. J'étais dans un cas analogue jadis. On a créé une école primaire supérieure chez moi. Celui qui en avait la direction n'avait que le brevet simple et j'y étais instituteur provisoire, nommé par une simple lettre de l'inspecteur d'Académie. Plus tard, j'ai invoqué, pour maintenir mon traitement, la loi du 16 juin 1881, et l'on m'a répondu : Vous n'étiez pas titulaire !

L'arrêté du 7 février 1882 dit que les situations acquises par les intituteurs titulaires ou adjoints leur sont garanties. J'ai réclamé longtemps, on m'a toujours répondu : vous ne pouvez fournir aucun titre montrant que vous étiez titulaire.

LE RAPPORTEUR. — Je vais vous donner lecture du vœu amendé : « **Que les maîtres ayant au moins 30 ans d'âge et 3 ans d'exercice soient titularisés en tenant compte des situations actuellement acquises, comme l'ont été, en 1896, les instituteurs délégués dans les E. P. S.** »

M. AYMARD. — Demandons le respect de la loi de 1881. Cette question des directeurs n'ayant que le brevet élémentaire dirigeant des adjoints pourvus du brevet supérieur devrait être rattachée à celle du recrutement des maîtres.

LE RAPPORTEUR. — J'aurai à m'occuper tout à l'heure de cette question.

M. JACQUIER. — Pour que le bénéfice de ces observations ne soit pas perdu, demandons le respect de la loi de 1881 et que nul ne puisse toucher de près ou de loin au cours complémentaire s'il n'a le brevet supérieur.

LE PRÉSIDENT. — La question est entendue. Si le texte donne satisfaction à ces diverses situations, nous allons le voter.

LE RAPPORTEUR. — On ne peut pas, pour ceux qui n'ont que le brevet élémentaire, demander une exception. L'article 32 du décret organique du 18 janvier 1887 exige pour les instituteurs-adjoints des C. C. les mêmes conditions d'âge et de titre que pour les instituteurs-adjoints des écoles primaires supérieures : le brevet supérieur et le certificat d'aptitude pédagogique. Tout instituteur qui n'a pas ce titre n'aura pas la titularisation.

Après avoir lu les mémoires qui m'ont été envoyés, je pense qu'en fixant 30 ans d'âge et 3 ans d'exercice, on donnerait satisfaction aux intéressés. C'est aussi l'avis de chefs autorisés : on est suffisamment renseigné sur les aptitudes et les capacités d'un maître de C. C. après trois ans.

La titularisation que nous demandons pour 1912 ne sera obtenue avec facilité qu'autant que nous remplirons les conditions : 30 ans d'âge et 3 ans d'exercice.

J'avais ajouté tout à l'heure : « *sera titularisé en tenant compte des situations acquises.* » Je ne puis pas ajouter cela si les situations sont acquises illégalement. Quand vous aurez trois ans d'exercice, vous serez titularisés de droit.

M. CANVILLE. — Ce sont les mots « *situations acquises* » qui me touchent. Il y a des situations acquises qui ont diminué. Si l'on se base sur les mots situation actuelle, mon chiffre sera diminué. J'avais 200 francs de cours complémentaire que j'ai perdus quand j'ai été déchargé de classe.

LE RAPPORTEUR. — L'augmentation qu'on vous accordera sera de 400 francs, vous ne perdrez rien au change.

LE PRÉSIDENT. — Revenons à la question. Laissons de côté les situations personnelles et traitons la question d'ordre général. Je mets aux voix le texte dont le rapporteur va vous donner lecture.

LE RAPPORTEUR. — **Que les maîtres des C. C. ayant au moins 30 ans d'âge et 3 ans de services au 1ᵉʳ janvier 1911, ainsi que les directeurs et directrices de ces cours, sans condition d'âge et de stage, soient titularisés comme l'ont été en 1896 les instituteurs et les institutrices délégués dans les E.P.S.**

La proposition est adoptée.

LE RAPPORTEUR. — **5° Que ceux qui sont pourvus du professorat ou d'une licence soient traités comme ceux des écoles supérieures.**

Adopté.

**6° Qu'en cas de suppression ou de transformation**

d'un C. C., la situation acquise des maîtres des emplois supprimés ou transformés soit respectée : que leur traitement garanti leur reste acquis ou qu'ils soient pourvus de postes équivalents dans un autre C. C. ou dans une E. P. S.

LE RAPPORTEUR. — Il y a une distinction à faire entre la situation des directeurs et celle des adjoints. N'y aurait-il pas lieu de spécifier que, dans tous les cas, le personnel enseignant adjoint sera délégué de droit à l'école supérieure, attendu qu'il a le brevet supérieur et qu'il est parfaitement capable d'y enseigner.

Quant au directeur, je suis partisan qu'on lui laisse la faculté d'accepter, — le traitement garanti restant acquis, plutôt un poste équivalent dans un autre C. C., si cette solution leur agrée mieux.

M. BRUNET. — Il faut respecter les droits acquis.

LE RAPPORTEUR. — Je modifie la rédaction dans ce sens.

M. VINCENT. — Je vous ai lu hier la lettre de M<sup>me</sup> Bonneval. Il y a un autre cas absolument semblable, celui de M<sup>me</sup> Ramel, de Vif (Isère). Je demande que l'on fasse une démarche personnelle en faveur de ces collègues.

Adopté.

M. AYMARD. — Il faut spécifier que le personnel enseignant sera nommé à l'école primaire supérieure.

M. VINCENT. — Quant au directeur, on peut lui confier la direction de l'école supérieure, en lui donnant une délégation. Voilà, en effet, un directeur qui a bien travaillé dans son école. A un moment donné, on la transforme en école primaire supérieure. Qui vous dit que dans un an, il ne sera pas capable de passer le professorat ?

M. BERNARD. — Lorsqu'on a transformé certains cours en écoles professionnelles d'industrie ou de commerce, le directeur ou la directrice ont été maintenus en fonctions dans le nouvel établissement, sans exiger d'eux aucun autre titre.

LE PRÉSIDENT. — Lorsqu'une E. P. S. est annexée à un collège, le principal en a la direction. Or, il peut n'avoir qu'un modeste baccalauréat, et cependant l'Administration s'en contente et n'exige de lui aucun autre diplôme. Je pourrais vous en citer des exemples. Pourquoi n'en userait-on pas de même avec un directeur d'école pourvu du B. S. et du C. A. P. ? Appuyons-nous sur ces précédents.

M. AYMARD. — Il est indispensable que le texte du

sixième vœu soit plus précis. Je propose la rédaction suivante :

6° Qu'en cas de suppression ou de transformation d'un C. C., la situation acquise des maîtres des emplois supprimés ou transformés soit respectée; que leur traitement leur reste garanti; que les adjoints des cours complémentaires transformés soient rattachés de droit aux écoles primaires supérieures nouvelles, en qualité de professeurs titulaires ou d'instituteurs-adjoints, suivant les diplômes possédés par chacun d'eux;

Que le directeur du cours complémentaire, s'il en fait la demande. soit délégué dans les fonctions de directeur de l'école primaire supérieure nouvelle, pour lui permettre de régulaser sa situation.

LE RAPPORTEUR. — 7° Que les enseignements accessoires soient toujours confiés à des instituteurs ou à des institutrices, aux lieu et place des professeurs non pourvus de titres.

LE PRÉSIDENT. — Je mets aux voix. — Adopté.

## Répercussion Financière

LE RAPPORTEUR. — Il nous reste à examiner quelle sera la répercussion financière de l'assimilation que nous sollicitons.

Il doit y avoir actuellement en France : 671 cours d'un an, 267 de deux ans, 18 de trois ans et 2 de quatre à cinq ans, avec un personnel de 1,260 maîtres, et environ 300 directeurs et directrices déchargés de cours.

L'assimilation étant déjà amorcée en raison des 200 fr. alloués aux 1,260 premiers, à titre de supplément, il suffirait donc d'augmenter leur traitement actuel de 200 francs, au fur et à mesure des titularisations.

Cela exigerait une première somme de 252,000 francs. Les 300 directeurs ou directrices ne recevant aucune allocation, il serait nécessaire de leur accorder à chacun 400 fr., ce qui entraînerait une dépense de 120,000 francs.

Le total de l'effort financier à réaliser serait donc de 372,000 francs.

M. BERNARD. — Je ne vois pas bien l'utilité de parler d'un effort financier. C'est au ministère à y voir. En 24 heures ce serait fixé.

LE RAPPORTEUR. — On a parlé récemment à la Chambre de 520.000 francs. J'estime qu'on y a exagéré « l'effort financier » que nécessiterait l'assimilation demandée. Nous établissons qu'il est moins considérable et nous avons tout lieu de penser qu'il ne fera pas obstacle à nos désidérata.

La dépense ne sera plus que de 372,000 francs.

Toutefois, nous sommes persuadés que la dépense maximum serait assez loin d'atteindre le total indiqué ci-dessus. Il est, en effet, raisonnable que tout instituteur fasse un certain stage avant d'être titularisé dans son emploi ; car, tel qui semblait tout désigné par ses connaissances pour enseigner dans un C. C., mais n'a pu y réussir pour manque de savoir faire ou d'autorité, devra être reversé dans l'enseignement primaire.

Nous estimons que les instituteurs en stage formeraient environ le dixième du personnel chargé des cours. Dans ces conditions, le maximum de la dépense à prévoir ne s'éleverait plus qu'à 347,000 francs.

En signalant cette réforme à nos chefs et aux Pouvoirs publics, nous avons, sans doute, le souci bien légitime de voir améliorer notre situation, mais aussi celui d'attirer l'attention du public et celle du personnel enseignant tout entier sur les C. C.

Il va de soi que l'assimilation que nous demandons attirera vers ces cours l'élite des instituteurs. Les C. C. ne pourront qu'y gagner et continuer de plus en plus à s'attacher la faveur publique, que la circulaire ministérielle de 1895 se plaisait déjà à leur reconnaître. (*Applaudissements*).

M. VINCENT. — Ne croyez-vous pas que, l'assimilation accordée, une poussée d'adjoints ne se produise vers les situations des C. C.? Quel choix fera-t-on parmi tous ces postulants. Nous voudrions quelques garanties. Un instituteur sortant de l'école normale n'est pas capable de diriger un cours complémentaire, tandis qu'il peut y avoir à l'école élémentaire d'excellents maîtres. Il y aurait intérêt à exiger des candidats aux emplois dans les C. C. un stage que je demande au Congrès de déterminer.

M. AYMARD. — Il faudrait avoir 25 ans d'âge et être de la 4ᵉ classe pour obtenir la délégation.

LE PRÉSIDENT. — On nomme dans les écoles primaires supérieures des maîtres qui n'ont pas toujours 25 ans et qui ne sont pas de 4ᵉ classe. Parfois même, ils n'ont pas fait de stage, ou sont sortis depuis peu des écoles normales ; les exemples en sont fréquents. Nous montrerions donc plus d'exigences pour nos cours. Faites-y attention.

M. AYMARD. — Ce ne serait pas à notre désavantage, au contraire.

M. PAYOT. — N'y a-t-il pas lieu de faire une différence,

pour les services, entre les directeurs et les adjoints. Pour les adjoints, 5 ans de stage, ce n'est pas nécessaire ; pour les directeurs, ce n'est pas suffisant.

M. AYMARD.—Disons 25 ans d'âge et 5 ans de service.

LE RAPPORTEUR.—Je vous propose le texte suivant :

**Nul ne poura être chargé de cours complémentaire, à titre d'adjoint, s'il n'est âgé de 25 ans au moins et s'il n'a 5 ans de service dans une école élémentaire.**

M. VINCENT.—Pour les directeurs ne serait-il pas bon de fixer un point ? Nul ne pourrait être directeur de cours complémentaire s'il n'a été adjoint dans un cours complémentaire.

LE RAPPORTEUR. — Cela est prévu et demandé dans notre troisième vœu.

M. GRAUX. — Il est en effet nécessaire qu'on fixe des conditions d'âge et de stage.

LE PRÉSIDENT. — Je crois, Messieurs, que nous perdons notre temps. Laissons donc un peu de besogne pour nos successeurs ; bornons-nous aux grandes lignes, nous entrerons dans le détail l'an prochain. Ne tranchons pas aujourd'hui toutes les questions. Nous risquons de disperser nos efforts, qui doivent se concentrer, cette année, sur cette question très importante : l'assimilation des instituteurs des C. C. aux instituteurs des E. P. S.

Menons à bien cette première partie de notre tâche, la plus urgente, et nous verrons plus tard les questions de détail. Revenons à l'ordre du jour, s'il vous plaît. (*Applaudissements*).

---

## Action

LE RAPPORTEUR. — Maintenant que nous sommes tous d'accord, quelle sera notre action ? Nos collègues de la Nièvre l'ont, à mon sens, très bien comprise : 1° Action énergique, mais prudente et correcte auprès de l'Administration supérieure ; 2° Action auprès des membres du Parlement, dans chaque département.

Dans la Nièvre tous les élus, 3 sénateurs, 5 députés, ont promis leur concours dévoué. L'un d'eux, M. Massé, ministre du Commerce et de l'Industrie, reconnaît d'une manière formelle qu'il est juste d'assimiler complètement le personnel des C. C. à celui des E. P. S. Le Gard propose de communiquer les vœux du Congrès aux rapporteurs du budget de l'I. P. à la Chambre et au Sénat, à M. le directeur de l'Enseignement primaire, à M. Buisson, aux membres influents de la Commission de l'enseignement, du Groupe agricole de la Chambre et du Sénat, sans oublier M. Méline.

Le Lot observe, avec beaucoup de raison, que nous avons, en M. Steeg, le Ministre actuel de l'I. P., le défenseur le plus éclairé et le protecteur le plus sûr de nos C. C. et de leurs maîtres. Quelques collègues demandent que nous gagnions nos chefs à notre cause, afin qu'ils nous prêtent leur appui. Enfin notre ami Tourey veut parvenir à la réalisation de nos vœux en utilisant la voie administrative du Conseil supérieur de l'I.P., où M. Devinat, l'ami sûr de l'école et des maîtres, sera notre meilleur avocat. Pour conclure, il nous paraît indispensable de constituer un Comité d'action, placé aussi près que possible de l'Administration supérieure et des Pouvoirs publics, et chargé de l'action énergique qu'il est nécessaire d'entretenir et de soutenir, afin de pouvoir mener à bien l'œuvre importante que nous avons entreprise.

Nous avons vu M. Devinat, il s'intéresse beaucoup aux C. C. et aux maîtres de ces cours. Il veut bien se charger d'être notre porte-parole, notre avocat devant le Conseil supérieur, par l'intermédiaire duquel à son avis, nous aboutirions plus rapidement et plus sûrement. Un décret nous concernant peut, en effet, être pris, après avis du Conseil supérieur. D'un autre côté, M. Devinat nous a promis aussi d'insister auprès de M. Gasquet, pour obtenir qu'on ne nous fasse pas trop attendre. Une fois la mesure prise au point de vue administratif, elle le sera au point de vue budgétaire par simple voie de conséquence. Il ne serait peut-être pas indispensable d'obtenir un vote des Chambres.

Les crédits nécessaires seraient inscrits d'office au budget. Cependant il peut se faire que nous rencontrions plus de difficultés au point de vue financier. En pareil cas, le ministère aura besoin d'entendre la voix du Parlement. C'est pourquoi une action s'impose auprès des députés et des sénateurs de chaque département, pour obtenir satisfaction plus sûrement et plus rapidement. (*Approbations*).

M. AYMARD. — L'administration nous donnera satisfaction en ce qui concerne les programmes, mais elle sera peut-être moins prompte au point de vue crédit. Nous ne pouvons rien obtenir que par l'action du Parlement et une campagne de presse soumettant à l'opinion publique nos justes revendications. Toutes les réformes ont été obtenues ainsi.

M. VINCENT. — Je pense qu'il vaut mieux agir à la fois auprès de l'Administration et auprès des membres du

Parlement. Il est bon d'avoir deux cordes à son arc. Il faut obtenir l'inscription dans les prévisions budgétaires d'un crédit, si minime soit-il.

M. SOUVERAIN. — Ce que nous venons de décider ne doit pas nous faire hésiter pour demander un effort financier au Parlement, mais n'oubliez pas que nous ne sommes pas seuls. Il y a d'autres Congrès et d'autres demandes de crédit. A mon avis, toute revendication d'ordre financier doit tout d'abord suivre la voie administrative.

LE RAPPORTEUR. — Le Conseil supérieur nous aidera dans cette voie.

M. SOUVERAIN. — D'un autre côté, je me méfie des campagnes de presse. Nos adversaires crieront que nous sommes trop exigeants.

M. BERNARD. — Je suis d'accord avec vous. Il faut obtenir le concours des parlementaires. Il nous est déjà acquis en grande partie. Tous les députés du Gard nous ont répondu avec enthousiasme qu'ils « marcheront à fond. » Lorsque M. Braibant a pris la parole à la Chambre, ils n'ont pas eu à voter, mais quand la question reviendra, ils seront avec nous.

Je ne suis pas d'avis d'intéresser la presse à notre cause. Nous sommes une catégorie à part, une minorité que nos collègues trouvent favorisée ; on l'a dit. Il faut tenter de faire respecter nos droits en nous servant des textes législatifs qui nous sont favorables, et le faire sans tapage.

LE PRÉSIDENT. — Je crois qu'il résulte de la discussion que nous sommes tous à peu près d'accord. J'ajoute que si l'intervention de M. Braibant en faveur de la proposition que nous lui avons soumise n'a pas été couronnée de succès, c'est précisément parce que l'intervention administrative n'avait pu se produire au préalable.

M. Steeg a répondu à notre vice-président : « Il est trop « tard maintenant, les crédits sont fixés : les propositions « ont été arrêtées en commission ; nous ne pourrons « revenir là-dessus que l'an prochain. »

Il nous faut donc un accord complet sur les voies et les moyens à employer. Nous sommes suffisamment qualifiés auprès de nos représentants pour leur exposer nos revendications. Notre comité d'action fera, de son côté, les démarches nécessaires auprès de l'Administration. Voilà notre meilleure tactique, la seule qu'il faille retenir.

M. SOUVERAIN. — Les travaux du Congrès vont être publiés. Certains départements sont restés réfractaires à l'idée d'union. J'estime qu'on devrait arriver à former un groupe par département. C'est au nom de ces groupements que les revendications devraient être présentées aux parlementaires dans chaque département même.

Je demande donc qu'on constitue des groupements départementaux avec un président, qui aurait une force morale bien plus grande pour agir que s'il était seul à faire ces démarches.

*Une voix.* — Ce n'est pas toujours facile de se réunir. Qu'on se groupe ou non, vous pensez bien que nous sommes tous de l'avis de notre président.

LE PRÉSIDENT. — Je demande à ajouter un mot. Ne nous contentons pas de réunions platoniques ? Il faut un groupement effectif dans chaque département, quelles que soient les difficultés qui se présentent. Il n'est pas possible d'admettre que les intéressés ne fassent pas l'effort de se réunir, de s'entendre et de se grouper.

Vous venez bien ici de très loin, et des collègues ne se rencontreraient pas dans leur département ! Allons donc ! il n'y aurait pas d'excuse pour ces indifférents ! Malheureusement, je connais ce mal. Si j'ai rencontré des bonnes volontés réconfortantes, je me suis heurté aussi trop souvent, depuis un an, à une inertie incroyable.

J'ai envoyé sept fois douze ou treize cents circulaires, et aujourd'hui, nous sommes, à mon avis, trop peu nombreux. Nous devrions avoir ici des délégués de tout le personnel, sans exception. Il faut donc, à tout prix, obtenir dans nos départements que tous les collègues des C. C. se groupent, agissent et nous apportent leur concours.

M. X. — Il en faut un pour prendre l'initiative et les autres suivront.

LE PRÉSIDENT. — Oüi, il suffit d'un seul pour faire marcher tout le monde.

M. SOUVERAIN. — Vous me permettrez de vous dire que les directeurs des C. C. sont des hommes. Quand on est un homme, ce qu'on veut on le peut. Il y a autre chose à voir. Je dis que les organisations départementales des maîtres de C. C. sont une nécessité. Un corps ne vit que par ses cellules. Ces associations seront les cellules vivantes de notre Société. N'oublions pas, en outre, qu'en dehors de nos revendications générales, il en est de locales. Il appartient à nos groupes départementaux de les faire entendre. Ainsi, aux examens du brevet de capacité, on admet les directeurs et les professeurs d'écoles supérieures comme examinateurs. Pourquoi laisse-t-on de côté les directeurs de cours complémentaires ?

J'affirme que c'est une nécessité, un besoin de premier ordre de se grouper dans chaque département, et j'estime qu'un directeur de cours complémentaire n'en est pas à une pièce de cent sous pour aller voir ses camarades, et discuter avec eux sur ses propres intérêts. (*Applaudissements*).

M. BRUNET. — Je voudrais que notre effort se portât sur deux vœux essentiels et que l'effort de la commission se fît sur eux. Nous sommes un certain nombre de collègues qui considérons que les deux revendications essentielles sont d'abord le retrait de la circulaire de 1895 relative aux bourses, et ensuite l'assimilation des maîtres aux instituteurs des écoles supérieures. Il faut insister particulièrement et avant tout auprès de l'Administration pour que satisfaction nous soit donnée sur ces deux points essentiels.

M. SOUVERAIN. — Il faut que tous nos vœux soient présentés en même temps : on ne peut les sérier.

LE RAPPORTEUR. — J'ajoute à l'observation de notre collègue Souverain que nos deux premiers vœux donnent toute satisfaction à M. Brunet. Les autres ne sont que les conséquences de ceux-là. D'un autre côté, ils forment un bloc où tout se tient, cours et maîtres, on ne peut rien en distraire.

M. VINCENT. — Nous ne pouvons pas distraire deux vœux, mais il est permis d'insister sur ces deux là.

M. BRUNET. — Je demande qu'on insiste.

LE RAPPORTEUR. — Ce sera fait.

Les propositions pour l'action sont approuvées à l'unanimité.

----

## Election du Bureau et du Comité d'action

LE PRÉSIDENT. — Il nous reste maintenant à constituer le bureau de l'Association et le Comité d'action dont nous a parlé le Rapporteur.

Avons-nous besoin de deux organes distincts, ou bien Bureau et Comité ne peuvent-ils pas être confondus en un seul ? Je vous invite à examiner ces deux côtés de la question.

M. VINCENT. — J'estime qu'il nous faut un Comité d'action distinct. Le Bureau doit, en effet, être composé de représentants disséminés un peu partout, pour que leur action s'exerce plus efficacement dans les départements. Mais il faut aussi, s'il est le Comité, qu'il ait son centre dans la région parisienne, pour que son action s'exerce utilement au moment opportun et qu'il puisse faire les démarches nécessaires. Si nous prenons le président dans les Ardennes, un vice-président dans le Gard, il sera difficile de se réunir fréquemment. Il faut prévoir que nous aurons à nous déranger souvent. Je propose donc qu'à côté du Bureau, on constitue un Comité d'action, afin qu'on n'accuse pas la région parisienne de tout accaparer. Le Comité d'action doit, en effet, être nécessairement choisi dans la région parisienne.

M. SOUVERAIN. — Il est aussi question de statuts. Nous ne pouvons pas les élaborer aujourd'hui, le temps nous manque. Donnons pouvoir au bureau élu de les établir. Ils nous seront soumis à une réunion ultérieure. (*Assentiment*).

M. VINCENT. — Un grand nombre de nos collègues demandent aussi la création d'un bulletin. Le compte-rendu du Congrès en sera le premier numéro.

LE PRÉSIDENT. — Revenons à la question. Etes-vous d'avis de nommer un Conseil d'administration qui choisirait lui même son Bureau et le Comité d'action ?

Adopté.

M. AYMARD. — Nous pouvons fixer à douze le nombre des membres du Conseil, qui agirait comme la Fédération des Amicales. Il nommerait son bureau avec président, vice-présidents, secrétaire, trésorier, etc.

M. VINCENT. — J'ai demandé que le Comité d'action fût dans la région parisienne. Si le Conseil d'administration nomme le Bureau dans son sein, il pourra le choisir lui aussi dans la même région et je ne voudrais pas que la province trouve que la région parisienne accapare les fonctions importantes.

M. AYMARD. — Je vous ferai observer que nous allons créer deux organes distincts pour un but unique à poursuivre. Est-ce bien nécessaire ?

Je pense qu'il y a intérêt à nommer une commission de douze membres, lesquels choisiront un bureau, en tenant compte et des nécessités de l'action parisienne et des nécessités de l'action départementale.

M. SOUVERAIN. — Nous aurons alors un véritable Conseil d'administration.

M. AYMARD. — Créons un seul organisme, c'est suffisant.

M. PAYOT. — Je voudrais faire remarquer qu'avant de présenter des noms, il y aurait lieu d'examiner la question financière. Qui paiera les frais d'un Conseil d'administration ? Suivant vos ressources, vous aurez la faculté de choisir plus ou moins loin.

LE PRÉSIDENT. — Les frais de déplacement de plusieurs collègues des extrémités de la France, appelés au Conseil d'administration, seraient très élevés pour nos finances. On ne pourrait pas y suffire. Fixons d'abord le nombre de membres. Je mets aux voix le nombre 12 pour le Conseil d'administration.

Adopté.

M. SOUVERAIN. — Il est entendu que le Conseil prendra dans son sein le Comité d'action.

M. X. — Pourquoi ne pas former un Conseil composé d'un délégué par département ?

LE PRÉSIDENT. — Toute la question est d'avoir, dans ce Conseil, des hommes d'action. Le nombre ne signifie rien. Avec 89 membres, on ferait sans doute moins de besogne qu'avec 12.

Maintenant, il est entendu que le Conseil d'administration essaiera de faire ce que le bureau provisoire a indiqué. Il provoquera la création de groupes départementaux qui se chaigeront de l'action locale. Notre association formera ainsi une fédération de groupements départementaux. Il est nécessaire, je le répète, que nous ayons ces groupements, pour agir auprès des députés et des sénateurs. Quant à notre organisation centrale, elle se chargera de faire aboutir les vœux que nous avons votés hier et aujourd'hui. Constituons donc un Conseil d'administration, qui fonctionnera au mieux de nos intérêts, et ne nous préoccupons pas, pour cette année, de voir représentée dans ce conseil telle ou telle partie de la France. Désignons ceux d'entre nous qui peuvent agir facilement et faire de bonne besogne. Ils auront un an pour travailler ; nous les verrons à l'œuvre.

M. SOUVERAIN. — Et si le Comité n'a pas bien travaillé, l'an prochain, on le mettra à la porte !

LE PRÉSIDENT. — J'attends les propositions du Congrès au sujet du Conseil d'administration.

M. SOUVERAIN. — Tout d'abord, mes chers camarades, je suis certain de traduire vos sentiments à tous, en vous proposant d'expiimer ici nos remerciements les plus cordiaux et notre plus affectueuse reconnaissance à notre cher et vaillant Président, à notre ami Guérin : c'est lui qui nous a fait vivre ! (*Applaudissements*). C'est lui qui a été parmi nous le premier homme d'action ; c'est à lui que nous devons reporter le succès de notre œuvre. (*Applaudissements prolongés*).

LE PRÉSIDENT. — Je vous remercie, mes chers amis, des sentiments que vous m'exprimez et qui me récompensent amplement de mes efforts. Je souhaite que le Conseil que vous allez nommer apporte dans la tâche qui lui incombera la même volonté tenace que mon caractère ardennais m'a permis de mettre au service de notre cause. (*Applaudissements*).

Il est procédé ensuite à la constitution du Conseil d'administration. Sont élus à l'unanimité : MM. Guérin (Sedan), Vincent (Argenteuil), Houldinger (Saint-Germain-en-Laye), Aymard (Saint-Denis), Tourey (Noisy-le-Sec), M^me Lavigne (Noisy-le-Sec), M^lle Noilliat (Saint-Germain-en-Laye), Lemoine (Paris), Chaudron (Tournan), Canville (Gournay), Souverain (Roye), de Puytorac (Paris).

LE PRÉSIDENT. — Avant de clore nos travaux, je serai certainement votre fidèle interprète à tous en adressant mes plus chaleureux remerciements à nos deux vaillants rapporteurs. Nos amis Vincent et Houldinger ont droit à toutes nos félicitations pour leur travail si documenté, si intéressant, si remarquable. En votre nom à tous, je les remercie cordialement. (*Applaudissements*).

Mes chers collègues, pour mener à bien notre œuvre, il nous faut de l'argent. Nous devons nous préoccuper des cotisations. Celles de l'année en cours seront recouvrées par le trésorier que nous allons désigner tout à l'heure. Êtes-vous d'avis que la cotisation reste fixée à 2 francs ?

M. SOUVERAIN. — Je propose 3 francs. Si nous voulons faire quelque chose, il faut des ressources.

LE PRÉSIDENT. — Je ne suis pas opposé à ce relèvement. Mais nous savons que certains collègues sont restés réfractaires à l'Association. Ne craignez-vous pas qu'en élevant la cotisation, nous n'éloignions de nous ces collègues hésitants? Je mets toutefois aux voix le chiffre de 3 francs. (Adopté à l'unanimité).

M. VINCENT. — Il faut que tout le personnel des C. C. soit mis au courant de nos travaux.

LE PRÉSIDENT. — A sept reprises différentes, j'ai envoyé des circulaires concernant l'Association ou le Congrès ; je regrette vivement d'avoir eu à constater que beaucoup de collègues n'ont pas donné signe de vie et se sont désintéressés de notre Action corporative. Nous pourrons tenter encore un nouvel appel et essayer de les convaincre en leur envoyant notre premier bulletin, qui contiendra le compte-rendu du Congrès. Je compte beaucoup, et j'insiste encore, sur l'action départementale, c'est elle qui donnera les meilleurs résultats. Mais il faut que chacun y mette du sien. Je vous fais aussi observer que l'envoi du bulletin coûtera très cher, il ne faut pas se le dissimuler.

M. PAYOT. — On pourrait ne le faire envoyer que sur la demande des groupes départementaux.

LE PRÉSIDENT. — C'est une bonne idée. Un certain nombre d'exemplaires seront adressés pour la propagande aux présidents de nos groupements.

Mes chers Collègues, je désire appeler votre attention sur un point particulier. Le personnel parisien a été tenu jusqu'ici en dehors de notre action. On nous l'avait, en effet, représenté comme jouissant d'une situation toute particulière, et cela nous avait fait supposer qu'il ne s'associerait pas à notre mouvement.

Ce personnel n'est donc pas venu à nous pour cette raison que nous ne sommes pas allés à lui. Mais nous avons réservé le meilleur accueil aux protestations qui nous sont venues de ce fait, et nous désirons vivement que tout le personnel des cours complémentaires de Paris soit avec nous. Nous ferons d'ailleurs auprès de lui les démarches nécessaires.

M. AYMARD. — Je suis l'auteur involontaire de ce malentendu. Lorsque nous avons créé le groupe de la Seine-Banlieue, nous nous sommes demandé si nous inviterions nos collègues parisiens à se joindre à nous. Nous avons pensé que cela n'était pas utile, parce que les instituteurs de Paris et ceux de la banlieue ont des situations financières différentes, et relèvent de pouvoirs publics différents.

M. VINCENT. — J'avais la naïveté de croire que les adjoints des cours complémentaires de Paris jouissaient, au point de vue des indemnités de résidence, des mêmes avantages que leurs collègues des départements.

M. AYMARD. — Nous ne pouvons que leur apporter un appui platonique auprès du Conseil municipal de Paris qui, en ce qui les concerne, tient les cordons de la bourse. Je crois qu'il est excellent que le groupe de Paris se joigne à nous, quand il sera formé (1) ; mais il nous faudra faire, quand même, deux sections dans la Seine, l'une pour Paris, l'autre pour la banlieue.

M. VINCENT. — Je parle de l'indemnité de résidence. Dans les départements et en banlieue, cette indemnité est, pour les adjoints des cours complémentaires, la même que celle des directeurs. Pourquoi n'aiderions-nous pas nos collègues de Paris à obtenir le même avantage ? Pour être aidés, il faut qu'ils viennent à nous.

M. AYMARD. — Je ne les exclus pas de l'Association, loin de là. S'ils viennent à nous, ce sera une aide précieuse.

(1) Ce groupe est maintenant constitué et il a pour président M. de Puytorac.

Seulement je répète que nous ne pouvons pas, dan. la Seine, faire un groupe unique.

M. DANIEL, de Paris. — Je suis très heureux que le Président ainsi que nos collègues Aymard et Vincent nous aient donné le mot de l'énigme. C'est en ouvrant mon journal, ce matin, que j'ai lu le compte-rendu des travaux d'hier. Et je suis accouru ici. Je ne comprends pas qu'on nous ait ignorés. Nos intérêts sont les mêmes que les vôtres. Nous devrions jouir des indemnités légales. Nous avons tout intérêt à venir à vous.

LE RAPPORTEUR. — Venez et faites-nous de la propagande.

LE PRÉSIDENT. — J'exprime à notre collègue Daniel tous mes regrets de notre méprise sur la situation des instituteurs des cours complémentaires parisiens et je reconnais que nous avons eu tort de ne pas leur envoyer nos circulaires. Notre attitude est donc le résultat d'une erreur, que je déplore et dont je m'excuse très volontiers.

M. DANIEL. — Notre action ne pourra que servir aux intérêts généraux. Si j'avais été là au début, j'aurais parlé de notre nomination. Il ne faut pas, en effet, qu'il n'y ait qu'une simple entente entre le directeur d'un C. C. et son adjoint, pour que celui-ci soit régulièrement pourvu de son poste dans le C. C. ; une nomination préfectorale est indispensable.

Un jour, j'ai demandé à M. le Directeur de l'enseignement comment il se faisait que nous ne touchions pas les 900 francs d'indemnité que la loi prévoit. M. Bédorez m'a répondu à peu près textuellement ceci : « M. Daniel, n'insistez pas trop, vous seriez peut-être incapable de fournir la preuve de votre situation dans un C. C. » C'est vous, Messieurs, qui êtes favorisés, puisque, sans nomination régulière, parfois, vous jouissez des avantages attachés à vos postes.

LE PRÉSIDENT. — Autre question. Quelques collègues ont proposé de nous rallier à la Fédération des Amicales. Qu'en pensez-vous ?

M. SOUVERAIN. — Restons nous !

LE RAPPORTEUR. — D'ailleurs la Fédération des Amicales ne nous accepterait pas, pour la raison que nous ne sommes qu'une fraction du personnel enseignant.

LE PRÉSIDENT. — La chose est entendue, n'en parlons plus. Il est de tradition, quand un Congrès finit, qu'il fixe la date et le lieu du Congrès futur. Vous avez à vous prononcer sur cette question :

Estimez-vous qu'il soit nécessaire de faire, l'an prochain, une assemblée générale et un Congrès ? — Oui.

A la même date et au même lieu ? — Oui

La prochaine réunion aura lieu à Paris, aux vacances de Pâques de 1912. — Adopté.

Le Congrès est clos et la séance levée.

---

## Constitution du Bureau de l'Association

A l'issue de la dernière séance du Congrès, le Conseil d'administration s'est réuni et a constitué ainsi son bureau :

Président : M. GUÉRIN.

Vice-Présidente : M<sup>me</sup> LAVIGNE.

Vice-Présidents : MM. VINCENT et HOULDINGER.

Secrétaire : M. TOUREY.

Trésorier : M. CANVILLE.

N. B. — Prière d'adresser la correspondance au secrétaire, M. Tourey, à Noisy-le-Sec (Seine), et les cotisations au trésorier, M. Canville, à Gournay-en-Bray (Seine-Inférieure).

---

## Banquet de Clôture

Le Congrès s'est terminé par un banquet à l'hôtel des Sociétés Savantes, sous la présidence de M. Braibant, député des Ardennes.

M. Tourey, président du groupement de la Seine, M. Guérin et M. Braibant y ont pris successivement la parole.

Voici le toast de M. Braibant :

» Je m'excuse tout d'abord, Mesdames et Messieurs, de n'avoir pu assister aux deux journées de votre Congrès. J'étais rentré à Paris avec l'intention d'aller vous voir, mais je me suis vu obligé de me mettre au lit.

« Une grippe impitoyable me tourmente, et je dois compter avec elle. Excusez-moi de parler avec une voix rauque et ne m'en veuillez pas de mes quintes de toux.

« Je suis bien payé du peu de courage que j'ai eu à venir au milieu de vous; j'ai été couvert d'éloges par votre cher président et cela fait toujours plaisir, et j'ai passé une très agréable soirée en si charmante compagnie !

« Mes chers amis, on m'a félicité de ce que j'ai fait pour les Cours Complémentaires, je tiens à vous dire que je n'ai fait que mon devoir. Lorsque je suis entré à la Chambre, j'avais l'idée que le jour où je pourrais être utile en défendant des droits nettement établis, mon devoir strict était de le faire. Je n'ai pas fait autre chose.

« Il ne faut pas s'attacher à des choses qui ne sont pas justes, ni droites, ni nettes. Vos droits étaient établis d'une façon tellement sérieuse, ils reposent sur une base tellement solide, que véritablement je ne comprends pas qu'on ne vous ait pas rendu justice plus tôt. Ce que je dis est si vrai que mon prédécesseur dans la défense de vos droits, M. Steeg a trouvé la récompense de ses efforts ; il n'a pu soutenir que de bonnes causes, votre nouveau ministre de l'Instruction publique ! Si la vôtre était mauvaise, il ne l'aurait pas défendue. C'est très encourageant, vous voyez, de vous soutenir. M. Steeg, vous vous le rappelez, et je l'ai rappelé à la tribune de la Chambre, s'était compromis pour vous, alors qu'il était rapporteur du budget de l'Instruction publique. Je l'ai suivi dans la bonne voie, d'autres me suivront. C'est naturel. Mais peut être serait-il bon aussi que vous nous aidiez à trouver des défenseurs. Et je disais tout à l'heure à ma charmante voisine, à mon bon-compagnon de voisin, il sera utile d'agir sur vos représentants au Parlement. Il y a aussi une campagne à faire auprès des Conseils généraux. Vous pourriez préparer un petit projet, avec un exposé des motifs. très court, des vœux tendant à l'assimilation des maîtres des Cours Complémentaires aux instituteurs des écoles primaires supérieures. Il faut aller jusque-là, car cette idée contient tout le reste de vos revendications en germe.

« Si un certain nombre de Conseils généraux émettaient ce vœu, nous serions plus forts pour discuter à la Chambre.

« Maintenant que vous êtes une Société vivante, agissante, travaillez un peu les députés de vos circonscriptions ; voyez-les, demandez-leur un petit mot d'encouragement.

« Une fois ce petit mot écrit, ils ne pourront pas faire autrement que de vous soutenir, que de soutenir vos droits eux aussi.

« Agissez de même auprès des sénateurs, car il faut bien se précautionner. Il arrive souvent qu'à la Chambre on vote quelque chose avec cette arrière-pensée que le Sénat y mettra bon ordre (*rires*). Ayez les sénateurs pour vous, prenez-les avec vous.

« A ceux qui pourraient s'étonner de mon intervention en votre faveur, je dirais que je suis un vieil ami des instituteurs. Je suis leur ami parce que je leur dois beaucoup. J'ai commencé à l'école primaire à les connaître. J'ai été l'élève de Néel, à Reuil, et j'ai conservé un excellent souvenir de cette bonne école. Lorsque je suis entré ensuite comme élève dans l'enseignement secondaire, j'ai vu de suite les avantages qu'il y avait à commencer à travailler à l'école primaire, pour l'étude du français, notamment de l'orthographe, et aussi du calcul. Quand j'arrivai au collège Rollin, j'étais beaucoup plus fort que mes camarades qui avaient commencé leurs études avec les maîtres de l'enseignement secondaire.

« Je ne veux pas faire la critique des méthodes qu'on employait de mon temps dans l'enseignement secondaire, non ; mais nous, les primaires, nous avions une avance très appréciable sur nos camarades du même âge. Dans ces conditions, je vous le dis, si j'ai des sympathies pour vous, c'est une dette que je paye aujourd'hui.

« Mes deux fils ont commencé à l'école primaire, là où il y a un cours complémentaire, à Largentières. Je ne sais pas si quelqu'un de vous connaît M. Plat, qui fut leur maître. C'est un brave homme, un Savoisien, installé dans l'Ardèche, et dont j'avais fait mon ami. Vous voyez que j'ai de bonnes raisons pour vous être un peu dévoué...

« Je vous demande pardon, mais il me devient impossible de continuer. J'ai trop présumé de mes forces. (*Salve d'applaudissements*).

« Vous le voyez, mon passé vous est un sûr garant que je continuerai à vous donner mon plus entier concours. Facilitez ma tâche comme vous l'avez fait jusqu'ici, en me donnant, le jour où vous aurez besoin de moi, tous les renseignements utiles. Vous me trouverez toujours prêt à défendre vos droits. qui sont nettement établis, qui sont ceux de braves gens dont on a trop longtemps méconnu les mérites.

« Je bois à la prospérité de votre Association et à votre cher Président. (*Salve d'applaudissements*). »

(Le Compte-rendu du Congrès a été sténographié par M. de Puytorac, 45, rue de Sèvres, Paris, VI<sup>e</sup>).

# Lettre de M. le Ministre de l'Instruction publique

M. Guérin a reçu de M. le Ministre la lettre suivante:

« Paris, le 22 Avril 1911.

« Monsieur le Président,

« Vous avez bien voulu me faire parvenir une adresse votée par les instituteurs des Cours Complémentaires réunis en congrès sous votre présidence.

« Je vous remercie, ainsi que tous vos collègues, des sentiments que vous exprimez dans cette adresse.

« Je suis heureux de pouvoir vous transmettre moi-même, en vous priant d'en faire part à tous les membres du Congrès, mes félicitations bien sincères pour l'activité et le dévouement que vous apportez dans l'exercice de vos délicates fonctions.

« Agréez, Monsieur le Président, l'assurance de ma considération distinguée.

« *Le Ministre de l'Instruction publique*
*et des Beaux-Arts,*

« T. STEEG. »

# ANNEXE

## L'Action depuis le Congrès

Le Comité d'action tenait sa première réunion, à Paris, le jeudi 18 mai.

Une Commission était nommée pour entreprendre les plus urgentes démarches, tant auprès de l'Administration que des pouvoirs publics.

M<sup>lle</sup> Noilliat, MM. Houldinger, Vincent, de Puytorac, Aymard, Tourey étaient délégués pour cette mission.

Nous étions reçus le 28 mai par M. Devinat, membre du Conseil supérieur de l'Instruction publique, qui nous assurait de son entier concours dans la question de réorganisation des C. C. Il voulait bien également nous conseiller sagement sur le mode d'action à employer pour obtenir l'assimilation si légitime du personnel des C. C. au personnel adjoint des E. P. S.

Egalement le jeudi 1<sup>er</sup> juin, M. Gasquet nous recevait très amicalement au Ministère. Il convenait volontiers qu'il y avait quelque chose à faire en faveur des C. C. et était tout disposé à nous aider de son mieux dans notre tâche.

Cependant il nous faisait remarquer qu'il y avait lieu de distinguer les véritables C. C., ceux qui peuvent en quelque sorte se rapprocher des E. P. S., de ceux qui ne sont guère que de simples cours supérieurs ; d'autre part que l'assimilation s'obtiendrait seulement dans les C. C. pour les maîtres ayant fait leurs preuves, comme d'ailleurs le Congrès en avait décidé en émettant le vœu suivant : La délégation dans un C. C. ne pourrait s'obtenir qu'à 25 ans d'âge ; et la titularisation, à 30 ans seulement, après plusieurs années de bons services dans les dits cours.

Ces points réglés, M. le Directeur de l'Enseignement primaire nous priait instamment de lui fournir un projet de texte à incorporer dans la loi, pour le moment où le Parlement demandera à se prononcer sur la question.

Nous avons aussi multiplié nos démarches auprès des hommes politiques, notamment MM. Daniel, Vincent, Bouffandeau, Veber, tous anciens universitaires, qui nous ont assuré de leur concours effectif, comme aussi auprès de tous les députés, sénateurs et conseillers généraux par la voie des Groupes départementaux ; nous sommes à cette heure en possession de lettres nous donnant tout espoir sur la réalisation des vœux du Congrès.

# Commission des Programmes

La Commission des programmes, composée de M^me Lavigne, M^lle Cacheux, MM. Aymard, Chevet, Chaudron, Lemoine, de Puytorac et Vincent s'est également réunie et a tenu trois séances. Elle s'est subdivisée en sous-commissions entre lesquelles le travail a été réparti.

Le Secrétaire général,
TOUREY.

—+—

Imprimerie A. SUZAINE Fils, 16, Rue Carnot - Sedan

# Institut Sténographique de France

## 150, Boulevard Saint-Germain

## PARIS (6ᵉ Arr.)

### (Système DUPLOYÉ INSTITUT)

<——•·—·•——>

L'Institut sténographique de France, fondé en 1872, à Paris, et autorisé par arrêté ministériel, en 1897, à étendre son action sur tout le territoire de la République, comprend environ 900 membres titulaires, ayant subi un examen à la vitesse d'au moins 75 mots par minute. En dehors de ces associés directs, il réunit en une Fédération 68 sociétés travaillant à la vulgarisation du système de sténographie phonétique qu'il préconise, et groupant ensemble plus de 11.000 adhérents.

Pour contrôler les résultats de l'enseignement, il organise des épreuves générales annuelles, auxquelles peuvent prendre part tous les élèves des cours publics ou privés pratiquant ce système phonétique. En 1910, 10.300 élèves ont pris part à ces épreuves.

Désireux d'être utile à ses adhérents, l'Institut a constitué un service de placement gratuit, qui fonctionne dans ses bureaux ou par l'entremise des Sociétés affiliées. En 1911, environ 600 placements ont été effectués par ce service, qui a reçu plus de mille offres d'emplois. L'Institut publie des méthodes de sténographie qui, sans cesse révisées et perfectionnées, donnent les meilleurs résultats et obtiennent le plus vif succès.

Il fournit tous les renseignements concernant la sténographie, son histoire, son enseignement, son utilité et sur les débouchés qui s'offrent aux personnes désireuses d'embrasser la profession de sténographe ou de sténodactylographe.